中国地质大学（武汉）实验教学系列教材

计算机网络管理与维护教程

JISUANJI WANGLUO GUANLI YU WEIHU JIAOCHENG

樊俊青　陈云亮　赵丽花　编著

中国地质大学出版社
ZHONGGUO DIZHI DAXUE CHUBANSHE

内容简介

本书是为信息类专业学生编写的关于计算机网络管理与设备维护的教材,介绍了当前计算机网络管理相关理论知识和网络设备管理的基本操作技能。内容包括计算机网络和管理的基本概念,综合布线技术基础,交换机、路由器使用和管理的基本常识。全书分为七章:第一章讲述计算机网络基本知识和网络管理概论,第二章介绍网络管理的基本体系和标准,第三章介绍综合布线技术基础,第四章讲述交换机工作原理和基本配置,第五章讲述交换技术,第六章介绍网络间路由选择基本算法,第七章讲述网络流量管理与网络安全知识。各章独立成篇,全书图文并茂,便于自学和上机实践。

本书可以作为普通高校、高等职业学校相关专业计算机网络和管理的教学及实验用书,同时也可以作为广大从事计算机网络应用和管理人员的自学或上机培训教材。

图书在版编目(CIP)数据

计算机网络管理与维护教程/樊俊青,陈云亮,赵丽花编著.—武汉:中国地质大学出版社,2014.8(2018.6重印)

中国地质大学(武汉)实验教学系列教材

ISBN 978-7-5625-3510-2

Ⅰ.①计⋯
Ⅱ.①樊⋯②陈⋯③赵⋯
Ⅲ.①计算机网络管理-高等学校-教材②计算机网络-维修-高等学校-教材
Ⅳ.①TP393

中国版本图书馆 CIP 数据核字(2014)第 165063 号

计算机网络管理与维护教程	樊俊青 陈云亮 赵丽花 **编著**
责任编辑:舒立霞	责任校对:周 旭

出版发行:中国地质大学出版社(武汉市洪山区鲁磨路388号)		邮政编码:430074	
电 话:(027)67883511	传真:67883580	E-mail:cbb@cug.edu.cn	
经 销:全国新华书店		http://www.cugp.cug.edu.cn	
开本:787毫米×1 092毫米 1/16		字数:291千字	印张:11.375
版次:2014年8月第1版		印次:2018年6月第2次印刷	
印刷:武汉市籍缘印刷厂		印数:1001—1800册	
ISBN 978-7-5625-3510-2			定价:28.00元

如有印装质量问题请与印刷厂联系调换

中国地质大学(武汉)实验教学系列教材

编委会名单

主　任：唐辉明

副主任：徐四平　殷坤龙

编委会成员：（以姓氏笔画排序）

马　腾　王　莉　牛瑞卿　石万忠　毕克成

李鹏飞　吴　立　何明中　杨明星　杨坤光

卓成刚　罗忠文　罗新建　饶建华　程永进

董元兴　曾健友　蓝　翔　戴光明

选题策划：

毕克成　蓝　翔　郭金楠　赵颖弘　王凤林

前 言

本书是按照普通高等教育信息类专业计算机网络管理教学大纲编写的教材，由多年从事计算机网络管理教学的教师执笔。教材编写紧扣时代发展需要，语言通俗易懂，内容翔实可靠，结构完整。在教材编写过程中，作者力争以适用、实用，让学生会用为原则。围绕这一原则，在文字说明、内容取材、结构布局和难度上作了调整和取舍。通过学习这本教材，我们希望学生能够真正理解计算机网络管理的基本原理并掌握一定的管理技能。因此，在教材中安排了相关上机实践内容，方便学生自学，以提高学习效率。

本书根据学生的基础和接受能力，教师可以适当调整教学学时，建议控制在30～50学时（包括上机时间）。全书由樊俊青统稿，其中第一章、第四章由樊俊青编写，第二章、第三章由南京铁道职业技术学院赵丽花编写；第五章、第六章和第七章由陈云亮编写。上机实践部分得到了锐捷网络大学老师们的帮助和指导，同时本教材的编写与出版还得到了中国地质大学（武汉）资产与实验室设备处的大力支持，在此一并表示感谢。

由于作者水平有限，加之时间仓促，书中难免存在一些不足与疏漏之处。恳请读者提出宝贵意见和建议。

编　者

2014 年 3 月

目 录

第一章 网络基础知识与网络管理概论 (1)

第一节 网络基础知识 (1)
一、计算机网络的定义 (1)
二、计算机网络的分类 (2)
三、计算机网络的组成 (4)
四、网络传输基本概念 (7)
五、通信操作方式 (7)
六、传输同步方式 (7)
七、差错控制 (8)
八、网络传输介质 (8)

第二节 网络体系结构 (8)
一、OSI 参考模型 (9)
二、TCP/IP 体系结构 (12)

第三节 网络管理基本概念 (15)
一、网络管理 (16)
二、网络管理的功能 (17)
三、网络管理系统 (18)

第二章 网络管理 (20)

第一节 OSI 系统管理的基本概念 (20)
一、管理域和管理策略 (20)
二、管理信息结构 (21)
三、系统管理支持功能 (21)

第二节 网络管理系统体系结构 (22)
一、网络管理框架 (22)
二、网络管理软件的结构 (23)

第三节　简单网络管理协议 SNMP ……………………………………………………(23)
　一、SNMP 管理结构及工作机制 ………………………………………………………(24)
　二、SNMPv1 的安全机制 ………………………………………………………………(25)
　三、SNMPv1 操作 ………………………………………………………………………(26)
　四、SNMP 功能组 ………………………………………………………………………(27)
　五、实现问题 ……………………………………………………………………………(27)
第四节　管理信息库(MIB) ……………………………………………………………(28)
　一、管理信息结构(SMI) ………………………………………………………………(28)
　二、MIB-2 功能组(RFC1213) ………………………………………………………(30)
第五节　远程网络监视 RMON …………………………………………………………(31)
　一、RMON 的基本概念 …………………………………………………………………(31)
　二、RMON 的管理信息库 ………………………………………………………………(32)
　三、RMON2 的管理信息库 ……………………………………………………………(32)

第三章　综合布线基础知识 …………………………………………………………(33)
第一节　物理介质 ………………………………………………………………………(35)
　一、光纤 …………………………………………………………………………………(35)
　二、双绞线 ………………………………………………………………………………(36)
　三、测线仪 ………………………………………………………………………………(36)
　四、耦合器 ………………………………………………………………………………(38)
　五、信息模块 ……………………………………………………………………………(39)
　六、水晶头及其国际标准 ………………………………………………………………(41)
第二节　常用的物理参数 ………………………………………………………………(41)
　一、MHz 和 Mbps ………………………………………………………………………(41)
　二、信号与编码 …………………………………………………………………………(41)
　三、常见的几种物理标准参数 …………………………………………………………(42)

第四章　交换机的工作原理与基本配置 …………………………………………(44)
第一节　交换机基本知识 ………………………………………………………………(44)
　一、以太网交换机工作原理 ……………………………………………………………(44)
　二、交换机数据转发方式 ………………………………………………………………(45)
　三、交换机的分类 ………………………………………………………………………(45)
　四、交换机的基本功能 …………………………………………………………………(48)

第二节　两层交换机的基本配置 …………………………………………………… (55)
　　一、使用命令行界面 ………………………………………………………………… (55)
　　二、交换机管理 ……………………………………………………………………… (58)
　　三、通过命令的授权控制用户的访问 ……………………………………………… (59)
　　四、配置多个特权级别 ……………………………………………………………… (60)
　　五、管理系统的日期和时间 ………………………………………………………… (61)
　　六、系统名称和命令提示符 ………………………………………………………… (61)
　　七、创建标题 ………………………………………………………………………… (62)
　　八、管理 MAC 地址表 ……………………………………………………………… (63)
　　九、查看系统信息 …………………………………………………………………… (69)
　　十、串口速率 ………………………………………………………………………… (70)
　第三节　交换机的接口配置 ……………………………………………………………… (71)
　　一、交换机的接口类型 ……………………………………………………………… (71)
　　二、配置一定范围的接口 …………………………………………………………… (72)
　　三、配置接口的描述和管理状态 …………………………………………………… (74)
　　四、配置接口的速度、双工和流控 ………………………………………………… (75)
　　五、配置 2 层接口 …………………………………………………………………… (76)
　　六、配置 L2 Aggregate Port ………………………………………………………… (77)
　　七、配置 SVI ………………………………………………………………………… (78)
　　八、显示接口状态 …………………………………………………………………… (78)

第五章　交换技术 ………………………………………………………………………… (81)
　第一节　VLAN ……………………………………………………………………………… (81)
　　一、VLAN 概述 ……………………………………………………………………… (81)
　　二、VLAN 成员类型 ………………………………………………………………… (82)
　　三、配置 VLAN ……………………………………………………………………… (82)
　　四、配置 VLAN Trunks ……………………………………………………………… (84)
　第二节　管理交换网络中的冗余链路 …………………………………………………… (86)
　　一、生成树协议概述 ………………………………………………………………… (86)
　　二、配置 STP、RSTP ………………………………………………………………… (90)

第六章　网络间路由选择 ………………………………………………………………… (95)
　第一节　广域网基本技术 ………………………………………………………………… (95)

一、广域网服务 ··· (95)
　　二、广域网常见接口类型 ·· (96)
　　三、广域网协议 ··· (97)
　第二节　路由器工作原理及组成 ·· (102)
　　一、路由器工作原理 ·· (102)
　　二、路由器的组成结构 ··· (104)
　第三节　IP 网络的子网划分 ·· (105)
　　一、子网划分和子网掩码 ·· (105)
　　二、子网规划 ··· (107)
　　三、复杂子网 ··· (108)
　　四、变长子网掩码 ··· (109)
　第四节　IP 网络间路由选择 ·· (110)
　　一、静态路由配置 ··· (111)
　　二、RIP 简介 ·· (111)
　　三、创建 RIP 路由进程 ··· (112)
　　四、水平分割配置 ··· (112)
　　五、有类别路由选择(Classful Routing)概述 ································· (112)
　　六、无类别路由选择(Classless Routing)概述 ······························· (112)
　　七、定义 RIP 版本 ·· (113)
　　八、关闭路由自动汇聚 ··· (113)
　　九、配置帧中继子接口 ··· (113)

第七章　网络流量管理与网络安全 ·· (119)
　第一节　访问控制列表 ·· (119)
　　一、访问列表概念 ··· (119)
　　二、标准 IP 访问列表 ·· (120)
　　三、扩展 IP 访问列表 ·· (121)
　　四、在接口上应用访问列表 ·· (124)
　　五、访问列表的核验 ·· (124)
　第二节　交换机的端口安全 ·· (124)
　　一、理解端口安全 ··· (125)
　　二、默认的端口安全配置 ·· (125)

第三节　防火墙基础 ………………………………………………………… (127)

附录一　基础实验部分 ………………………………………………………… (129)
　实验一　交换机基本配置 ………………………………………………………… (130)
　实验二　利用 TFTP 管理交换机配置 …………………………………………… (133)
　　一、备份交换机配置到 TFTP 服务器 ………………………………………… (133)
　　二、从 TFTP 服务器恢复交换机配置 ………………………………………… (134)
　实验三　路由器的基本配置 ……………………………………………………… (135)
　实验四　利用 TFTP 管理路由器配置 …………………………………………… (137)
　　一、备份路由器配置到 TFTP 服务器 ………………………………………… (137)
　　二、从 TFTP 服务器恢复路由器配置 ………………………………………… (138)
　实验五　虚拟局域网 VLAN ……………………………………………………… (140)
　　一、交换机端口隔离 …………………………………………………………… (140)
　　二、跨交换机实现 VLAN ……………………………………………………… (141)
　　三、VLAN/802.1Q-VLAN 间通信 …………………………………………… (143)

附录二　综合实验部分 ………………………………………………………… (146)
　实验一　802.3ad 冗余备份测试 ………………………………………………… (146)
　实验二　生成树配置 ……………………………………………………………… (147)
　　一、生成树协议 STP …………………………………………………………… (147)
　　二、快速生成树协议 RSTP …………………………………………………… (152)
　实验三　PPP 认证 ………………………………………………………………… (154)
　　一、PPP PAP 认证 ……………………………………………………………… (154)
　　二、PPP CHAP 认证 …………………………………………………………… (156)
　实验四　静态路由 ………………………………………………………………… (157)

附录三　常用网络命令使用列表 ……………………………………………… (159)

主要参考文献 …………………………………………………………………… (169)

第一章 网络基础知识与网络管理概论

第一节 网络基础知识

一、计算机网络的定义

随着计算机网络的发展,关于计算机网络的定义也在不断发展和完善。目前,大多数人比较认同的计算机网络的定义为:计算机网络是将分布在不同地理位置上的具有独立和自主功能的计算机、终端及其附属设备,利用通信设备和通信线路连接起来,并配置网络软件(如网络协议、网络操作系统、网络应用软件等)以实现信息交换和资源共享的一个复合系统。图1-1为简单的计算机网络示意图。

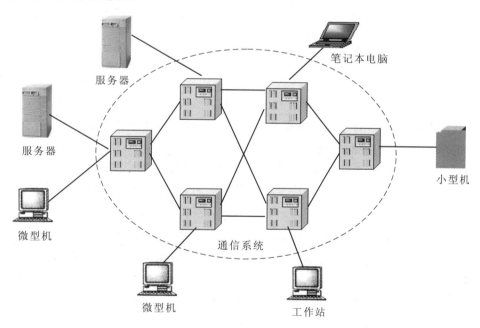

图1-1 计算机网络示意图

从以上定义可以看出,计算机网络建立在通信网络的基础之上,以资源共享和在线通信为基本目的。利用计算机网络,我们就不必花费大量的资金为每台计算机配置打印机,因为网络使共享打印机成为可能。利用计算机网络,使用者不但可以利用多台计算机处理数据、文档、图像等各种信息,而且可以和其他人分享这些信息。如今,从政府机关、企事业单位,到一个家庭,随处都可以看到网络的存在,随处都可以享受到网络给生活带来的便利。

计算机网络是计算机技术和通信技术相结合而形成的,它们之间相互渗透、相互促进,通信网络为计算机网络提供了信息传输的信道,而计算机和计算机网络促进了通信技术的发展。

计算机网络的主要功能体现在以下几个方面。

1. 实现网上资源的共享

资源共享是计算机网络最基本的功能之一。用户所在的单机系统,无论硬件资源还是软件资源总是有限的。单机用户一旦连入网络,在网络操作系统的控制下,该用户可以使用网络中其他计算机的资源来处理自己的问题,还可以使用网上的高速打印机打印报表、文档,也可以使用网络中的大容量存储器存放自己的数据信息。对于软件资源,用户则可以共享使用各种程序、数据库系统等。

2. 实现数据信息的快速传递

计算机网络是现代通信技术与计算机技术结合的产物,分布在不同地域的计算机系统可以及时、快速地传递各种信息,极大地缩短了不同地点计算机之间数据传输的时间,因此,对于股票和期货交易、电子函件、网上购物、电子贸易而言,计算机网络是必不可少的传输平台。

3. 提高可靠性

在一个计算机系统内,单个部件或计算机的暂时失效是可能发生的,因此希望能够通过改换资源的办法来维持系统的继续运行。建立计算机网络后,针对重要资源可以通过网络在多个地点互做备份,并使用户可以通过几条路由来访问网内的某种资源,从而有效避免单个部件、单台计算机或通信链路的故障对系统正常运行造成的影响。

4. 提供负载均衡与分布式处理能力

负载均衡是计算机网络的一大特长。举个典型的例子:一个大型ICP(Internet内容提供商)为了支持更多的用户访问他的网站,在全世界多个地方放置了相同内容的www服务器,通过一定技巧使不同地域的用户看到放置在离他最近的服务器上的相同页面,这样可以实现各服务器的负荷均衡,同时也方便了用户。

分布处理是把任务分散到网络中不同的计算机上并行处理,而不是集中在一台大型计算机上,从而使整个计算机网络具有解决复杂问题的能力,大大提高了效率和降低了成本。

5. 集中管理

对于那些地理位置上分散的组织或部门的事务,可以通过计算机网络来实现集中管理。如飞机与火车订票系统、银行通存通兑业务系统、证券交易系统、数据库远程检索系统、军事指挥决策系统等,由于这些业务或数据分散于不同的地区,且又需要对数据信息进行集中处理,单个计算机系统是无法解决的,此时就必须借助于网络完成集中管理和信息处理。

6. 综合信息服务

网络的一大发展趋势是多维化,即在一套系统上提供集成的信息服务,包括来自政治、经济、文化、生活等各方面的信息资源,同时还提供如图像、语言、动画等多媒体信息。

二、计算机网络的分类

一个计算机网络可以从地域范围、拓扑结构、信息传输交换方式或协议、网络组建属性、用途等不同角度加以分类。

1. 按地域范围分类

按计算机系统之间互连距离和网络分布地域范围的角度,分为局域网 LAN、城域网 MAN、广域网 WAN 等。

2. 按拓扑结构分类

网络拓扑结构是从网络拓扑的观点来讨论和设计网络的特性,也就是讨论网络中的通信节点和通信线路或信道的连接所构成的各种网络几何构形,用以反映出网络各组成成分之间的结构关系,从而反映整个网络的整体结构外貌。实际上,考虑得更多的是通信子网的拓扑结构问题。一般来讲,通信子网可以设计成两种信道类型:点对点信道(Point-to-Point)和广播信道(Broadcast)。

1)点对点信道

其特点是一条线路连接一对节点,两台主机常常通过几个节点相连接,信息的传输采用存储转发方式。这种信道构成的通信子网常见的拓扑结构有:①星形;②树形;③回路形;④相交回路形;⑤全连接形;⑥不规则形,如图1-2所示。

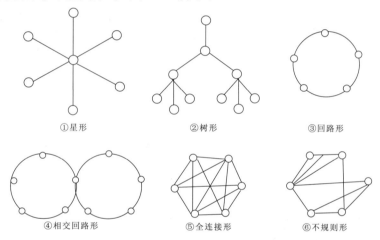

图1-2 点对点信道构成的通信子网拓扑

2)广播信道

其特点是只有一条供各个节点共享的通信信道,任一节点所发出的信息报文可被所有其他节点接收。当然,这需要信道有一定的访问控制机制。由这种信道构成的通信子网的拓扑结构可有三种形式:①总线形;②环形;③卫星或无线广播,如图1-3所示。

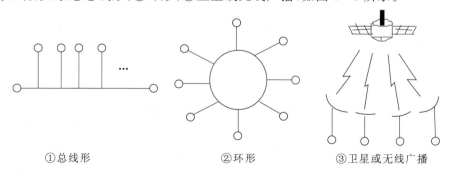

图1-3 广播信道构成的通信子网拓扑

3. 按信息传输交换方式分类

根据信息在网内传输交换方式,可分为电路交换和存储/转发交换(图1-4)。

4. 按网络组建属性分类

根据网络组建属性,可以分为公用网和专用网两类。

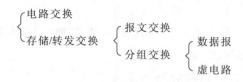

图1-4 按信息传输交换方式分类

公用网是由国家电信部门组建、经营管理、提供公众服务。任何单位、部门的计算机和终端都可以接入公用网,利用公用网提供的数据通信服务设施来开展本单位的业务。专用网往往是由某个政府部门或公司等组建经营,未经许可,其他部门和单位不得使用,在组网时可以利用公用网提供的"虚拟网"功能或自行架设的通信线路。

三、计算机网络的组成

计算机网络要完成数据处理与数据通信两大基本功能,那么,它在结构上必然也可以分成两个部分:负责数据处理的计算机与终端;负责数据通信的通信控制处理机(CCP)与通信线路。因此从计算机网络结构和系统功能来看,计算机网络可以分为资源子网和通信子网两部分,其结构如图1-5所示。

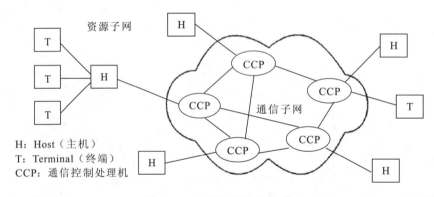

图1-5 计算机网络的组成

1. 资源子网

资源子网负责全网的数据处理业务,并向网络用户提供各种网络资源和网络服务。资源子网由主计算机、终端以及相应的I/O设备、各种软件资源和数据资源构成(图1-6)。

主计算机简称主机(Host),它可以是大型机、中型机、小型机、工作站或微型机。主机是资源子网的主要组成单元,它们除了为本地用户访问网络中的其他主机与资源提供服务外,还要为网络中的远程用户共享本地资源提供服务。主机通过高速通信线路与通信子网中的通信控制处理机相连。

终端(Terminal)是用户进行网络操作时所使用的末端设备,它是用户访问网络的接口。终端可以是简单的输入/输出设备,如显示器、键盘、打印机、传真机,也可以是带有微处理器的智能终端,如可视电话、手机、数字摄像机等。智能终端除了基本的输入/输出功能外,本身还具有信息存储与处理能力。终端设备可以通过主机连入网内,也可以通过终端控制器或通信控制处理机连入网内。

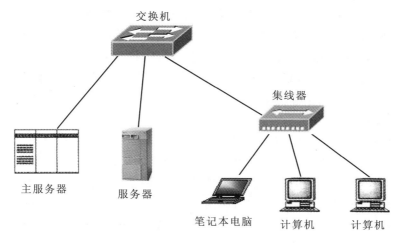

图1-6 资源子网

2. 通信子网

通信子网负责为资源子网提供数据传输和转发等通信处理能力,主要由通信控制处理机、通信链路及其他通信设备(如调制解调器等)组成,如图1-7所示。

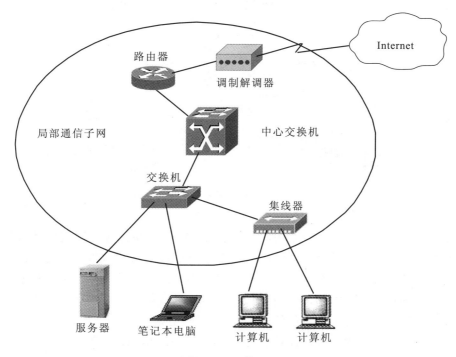

图1-7 通信子网

通信控制处理机(CCP)是一种处理通信控制功能的计算机,按照其功能和用途,可以分为存储转发处理机、网络协议变换器和报文分组组装/拆卸设备等。通信控制处理机的主要功能如下。

(1)网络接口功能:实现资源子网和通信子网的接口功能。

(2)存储/转发功能:对进入网络传输的数据信息提供转发功能。

(3)网络控制功能:为数据提供路径选择、流量控制等功能。

通信链路用于为通信控制处理机之间、通信控制处理机与主机之间提供通信信道,一般来说,通信子网中的链路属于高速线路,所用的信道类型可以是有线信道或无线信道。

通信设备主要指数据通信和传输设备,包括调制解调器、集中器、多路复用器、中继器、交换机和路由器等设备。

随着计算机网络的发展,特别是微型计算机和路由设备的广泛使用,现代网络中的通信子网与资源子网内部已经发生了显著的变化。在资源子网中,大量的微型计算机通过局域网(包括校园网、企业网或 ISP 提供的接入网)连入广域网;在通信子网中,用于实现广域网与广域网之间互连的通信控制处理机普遍采用了被称为核心路由器的路由设备,在资源子网和通信子网的边界,局域网与广域网之间的互连也采用了路由设备,并将这些路由设备称为接入路由器或边界路由器。现代计算机网络结构如图 1-8 所示。

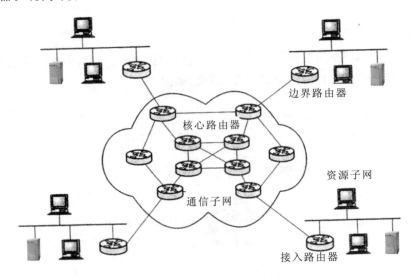

图 1-8　现代计算机网络结构示意图

从系统组成的角度来看,计算机网络由计算机网络硬件和计算机网络软件两部分构成。在网络系统中,除了包括各种网络硬件设备外,还应该具备网络的软件。因为在网络上,每一个用户都可以共享系统中的各种资源,系统该如何控制和分配资源、网络中各种设备以何种规则实现彼此间的通信、网络中的各种设备该如何被管理等,都离不开网络的软件系统。因此,网络软件是实现网络功能必不可少的软环境。通常,网络软件包括以下几种。

(1)网络协议软件:实现网络协议功能,比如 TCP/IP、IPX/SPX 等。

(2)网络通信软件:用于实现网络中各种设备之间进行通信的软件。

(3)网络操作系统:实现系统资源共享,管理用户的应用程序对不同资源的访问。常见的网络操作系统有 UNIX、Linux、Windows 98、Windows 2000、Windows 2003、Windows XP、Netware 等。

(4)网络管理软件和网络应用软件:网络管理软件是用来对网络资源进行管理以及对网络进行维护的软件;而网络应用软件是为网络用户提供服务的,是网络用户在网络上解决实际问题的软件。

四、网络传输基本概念

数据通信：是指通过数据通信系统将数据以某种信号的方式从一处安全、可靠地传送到另一处。

数据编码技术：是指为了便于数据的传输和处理，将数据表示成适当的信号形式的技术。主要的数据编码技术有数字数据的模拟信号编码、数字数据的数字信号编码、模拟数据的数字信号编码。

传输速率：指每秒能传输的位数，用 B/s 表示。

多路复用技术：在数据传输系统中，传输介质的带宽大于传输单一信号所需的带宽，为了有效地提高传输系统的利用率，通常采用多路复用技术以同时携带多路信号来高效地使用传输介质。常用的多路复用技术如下。

频分多路复用(FDM)：传输介质的可用带宽必须超过各路信号所需带宽的总和。将这几路信号中的每路信号都以不同的载波频率进行调制，而且各路的载波频率之间都有一定的间隔，使各路信号带宽不会相互重叠，这些信号可以同时在介质上传输。

时分多路复用(TDM)：传输介质能到达的数据传输率必须超过各路信号所需数据传输率的总和。每个信号按照时间先后轮流交替地使用单一信道，多个数字信号可以在宏观上同时进行传输。

五、通信操作方式

一个通信系统至少由三部分组成：发送器、传输介质、接收器。发送器产生信号，经过传输介质传送给接收器，再由接收器接收这个信号，就完成了信号从一端到另一端的传送。根据信号传输方向和时间的关系，可以将通信操作方式分成以下三种。

单工通信：发送器和接收器之间只有一个传输通道，信息单方向从发送器传送到接收器；如火警，只是将警报发给消防队，而不需要从消防队接收什么消息。

半双工通信：发送器和接收器之间有两个传输通道，信息只能轮流进行双向的传送，在某一时刻只能沿单方向从发送器传送到接收器。如大楼内的保安通过对讲机传递消息，一位完成讲话，必须释放对讲机的传送键，以便另一位保安能够发出响应。

全双工通信：发送器和接收器之间有两个传输通道，信息可以同时进行双向的传送。如打电话，交谈的双方任何时候都可以说话。

六、传输同步方式

在计算机通信中，一个最基本的要求是发送端和接收端之间以某种方式保持同步，接收端必须知道它所接收的每一位数据流的开始时间和结束时间，以确保数据接受的正确性，因此，通信双方必须遵循同一通信规程，使用相同的同步方式进行数据传输。同步方式可以分成两种。

异步传输：以字符为单位的数据传输。由于每个字符都要附加1位起始位和1位停止位，以标记字符的开始和结束，因此传输效率低。

同步传输：以数据块为单位的数据传输。每个数据块的头部和尾部都要附加一个特殊的字符或比特序列,标志一个数据块的开始和结束。常用同步传输方式有两种:面向字符的同步传输、面向位流的同步传输。

七、差错控制

计算机通信系统的基本任务是高效而无差错地传送数据,但任何通信线路上都存在噪声,使发送的数据和接收的数据不一致,造成传输差错。

差错的检测和纠正也称为差错控制,对所传输的数据进行抗干扰编码,并以此来检测和校正传输中的错误。其主要方法如下。

反馈重发纠错法:接收端将不知传输得正确与否的信息作为应答反馈给发送方,发送端根据反馈信号确定是否重发。

前向纠错法:接收端发现错误后,通过数学方法进行自动校正。

八、网络传输介质

传输介质是计算机网络最基础的通信设施,其性能的好坏直接影响到网络的性能。传输介质可分为两类:有线传输介质(如双绞线、同轴电缆、光缆)和无线传输介质(如无线电波、微波、红外线、激光)。

衡量传输介质性能的主要技术指标有传输距离、传输带宽、衰减、抗干扰能力、价格、安装等。下面介绍几种有线传输介质。

双绞线(Twisted Pairware,TP):是计算机网络中最常用的传输介质,按其抗干扰能力分为屏蔽双绞线(Shielded TP,STP)、非屏蔽双绞线(Unshielded TP,UTP)。在 EIA/TIA 568A 标准中,UTP 共分为 1~5 类,计算机网络常用的是 3 类和 5 类 UTP,如 10BASE-T 以太网、100BASE-T 快速以太网、IBM 的令牌网。

同轴电缆:广泛用于有线电视网(CATV)和总线型以太网。常用的有 75Ω 和 50Ω 的同轴电缆。75Ω 的电缆用于 CATV;总线型以太网用的是 50Ω 的电缆,分为细同轴电缆和粗同轴电缆。

光缆:目前广泛应用于计算机主干网,可分为单模光纤和多模光纤。单模光纤具有更大的通信容量和传输距离。常用的多模光纤是 $62.5\mu m$ 芯 $/125\mu m$ 外壳和 $50\mu m$ 芯 $/125\mu m$ 外壳。

第二节 网络体系结构

计算机网络的发展,特别是 Internet 在全球取得的巨大成功,使得计算机网络已经成为一个海量的、多样化的复杂系统。计算机网络的实现需要解决很多复杂的技术问题,如支持多厂商和异种机互连、支持多种业务、支持多种通信介质等。现代计算机网络的设计正是按高度结构化方式分层处理以满足上述种种需求,其中网络体系结构是关键。

自 IBM 在 20 世纪 70 年代推出 SNA 系统网络体系结构以来,很多公司也纷纷建立自己的网络体系结构,这些体系结构的出现大大加快了计算机网络的发展。但由于这些体系结构的着眼点往往是各自公司内部的网络连接,没有统一的标准,因而它们之间很难互连起来。在这种情况下,国际标准化组织(International Standard Organization,ISO)制定开发了开放系统互连参考模型(Open System Interconnection Reference Mode,OSI 参考模型)。利用 OSI 参考模型的目的是为了使两个不同的系统能够较容易地通信,而不需要改变底层的硬件或软件的逻辑。

一、OSI 参考模型

OSI 将整个通信分成七层,不同系统中同一层的实体之间进行通信;同一系统中,相邻层之间通过原语交换信息,下层实体向上层实体提供服务。由于每一层之间的通信由该层的协议进行管理,因此对本层的修改不会影响到其他层,方便对通讯进行修改和组合。OSI 参考模型的网络体系结构具有开放性,所谓"开放"是指任何遵守该参考模型和有关标准的系统之间都能互连。

OSI 参考模型是设计网络系统的分层次的框架,能保证各种类型网络技术的兼容性、互操作性,有了这个开放的模型,各网络设备厂商就可以遵照共同的标准来开发网络产品,最终实现彼此的兼容。

1. OSI 七层网络结构

OSI 参考模型只是定义了一种抽象的结构,而不对具体实现方法进行描述,即在 OSI 参考模型中的每一层,都只涉及层的功能定义,而不提供关于协议与服务的具体实现方法。OSI 参考模型描述了信息或数据是如何通过网络从一台计算机的一个应用程序到达网络中另一台计算机的另一个应用程序的。当信息在一个 OSI 模型中逐层传送的时候,它越来越不像人类的语言,变为只有计算机才能明白的数字(0 和 1)。

OSI 参考模型如图 1-9 所示,由下至上共有七层,分别为物理层、数据链路层、网络层、传输层、会话层、表示层、应用层,也依次称为 OSI 第一层、第二层、……、第七层。

OSI 参考模型的核心包含三大层次。高三层由应用层、表示层和会话层组成,面向信息处理和网络应用;低三层由网络层、数据链路层和物理层组成,面向通信处理和网络通信;中间层次为传输层,为高三层的网络信息处理应用提供可靠的端到端通信服务。

图 1-9 OSI 参考模型

实际上,当两个通信实体通过一个通信子网进行通信时,必然会经过一些中间节点,一般来说,通信子网中的节点只涉及到低三层,图 1-10 表示设备 A 将一个报文发送到设备 B 时所涉及到的一些层。

2. OSI 各层的功能概述

1)物理层(Physical Layer)

物理层位于 OSI 参考模型的最底层,协调在物理媒体中传送比特流所需的各种功能。物理层涉及到接口和传输媒体的机械及电气的规约,定义了这些物理设备和接口为所发生的传输所必须完成的过程和功能,以便于不同的制造厂家能够根据公认的标准各自独立地制造设备,从而使各个厂家的产品能够互相兼容。

2)数据链路层(Data Link Layer)

在物理层发送和接收数据的过程中,会出现一些自己不能解决的问题。例如,当两个节点同时试图在一条共享线路上同时发送数据时该如何处理;节点如何知道它所接收的数据是否

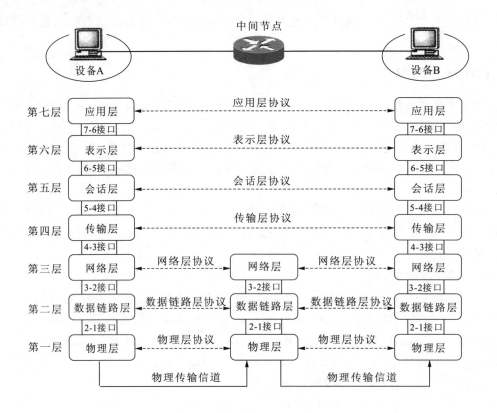

图 1-10 两个通信实体间的层次结构

正确;如果噪声改变了一个报文的目标地址,节点如何察觉它丢失了本应收到的报文。这些都是数据链路层所必须负责的工作。

数据链路层涉及相邻节点之间的可靠数据传输,它将物理层的比特流组织成数据链路层的协议数据单元(帧)进行传输,帧中包含地址、控制、数据及校验码等信息,通过校验、确认和反馈重传等手段,将不可靠的物理链路改造成对网络层表现为一条无差错的数据传输链路。数据链路层还要协调收发双方的数据传输速率,即进行流量控制。

3) 网络层(Network Layer)

网络层负责分组从源端交付到目的端,中间可能要经过许多中间节点甚至不同的通信子网。网络层的任务就是在通信子网中选择一条合适的路径,使源计算机发送的数据能够通过所选择的路径到达目的计算机。

为了实现路径选择,网络层必须使用寻址方案来确定存在哪些网络以及设备在这些网络中所处的位置,不同网络层协议所采用的寻址方案是不同的。在确定了目标节点的位置后,网络层还要负责引导数据包正确地通过网络,找到通过网络的最优路径,即进行路由选择。如果子网中同时出现过多的分组,它们将相互阻塞通路并可能形成网络瓶颈,因此网络层还要提供拥塞控制机制以避免此类现象的出现。另外,网络层还要解决异构网络互连问题。

4) 传输层(Transport Layer)

传输层负责将完整的报文进行源端到目的端的交付。但计算机往往在同一时间运行多个程序,因此,从源端到目的端的交付并不是从某个计算机交付到下一个计算机,同时还指从某个计算机上的特定进程(运行着的程序)交付到另一个计算机上的特定进程(运行着的程序)。而网络层监督单个分组的端到端的交付,独立地处理每个分组,就好像每个分组属于独立的报文那样,而不管是否真的如此。

传输层所提供的服务有可靠与不可靠之分。为了向会话层提供可靠的端到端进程之间的数据传输服务,传输层还需要使用确认、差错控制和流量控制等机制来弥补网络层服务质量的不足。

5) 会话层(Conversation Layer)

就像它的名字一样,会话层的功能是建立、管理和终止应用程序进程之间的会话和数据交换,允许数据进行单工、半双工和全双工的传送,并使这些通信系统同步。

6) 表示层(Expression Layer)

表示层保证一个系统应用层发出的信息能被另一个系统的应用层读出。如有必要,表示层用一种通用的数据表示格式在多种数据表示格式之间进行转换。它包括数据格式变换、数据加密与解密、数据压缩与恢复等功能。

7) 应用层(Application Layer)

应用层是 OSI 参考模型中最靠近用户的一层,它为用户的应用程序提供网络服务,将用户接入到网络,提供对多种服务的支持,如电子邮件、文件传输、共享的数据库管理,以及其他种类的分布式信息服务。

3. OSI 模型中的数据封装与传递

在 OSI 参考模型中,对等实体间所传输的数据被称为协议数据单元(Protocol Data Unit,PDU)。如图 1-11 所示,假设计算机 A 上的某个应用程序要发送数据给计算机 B,则该应用程序把数据交给应用层,应用层在数据前面加上应用层的报头 H7,形成一个应用层的数据包。报头(Header)及报尾(Tailer)是对等层之间为了实现有效的相互通信所需而添加的控制信息,添加报头、报尾的过程称为封装。封装后得到的应用层数据包被称为应用层协议数据单元(APDU)。封装完成后应用层将该 APDU 交给下面的表示层。

表示层接到应用层传下来的 APDU 后,并不关心 APDU 中哪一部分是用户数据,哪一部分是报头,它只在收到的 APDU 前面加上包含表示层控制信息的报头 H6,构成表示层的协议数据单元 PPDU,再交给会话层。

会话层接到表示层传下来的 PPDU 后,也不关心 PPDU 中哪一部分是用户数据,哪一部分是报头,它只在收到的 PPDU 前面加上包含会话层控制信息的报头 H5,构成会话层的协议数据单元 SPDU,再交给传输层。以此类推,这一过程重复进行直到数据抵达物理层。

数据在传输层封装后得到的协议数据单元称为分段(Segment),在网络层被封装后得到的协议数据单元被称为分组(Packet),在数据链路层被封装后得到的协议数据单元被称为帧(Frame)。而物理层在收到数据链路层传下来的帧以后,并不像其他层那样再加上本层的控制信息,而是直接将其转换为电或光信号通过传输介质送到接收端,因此在物理层没有专用的协议数据单元名称,但习惯上将这些在传输介质中传送的信号称为原始比特流(Bit Stream)。

在接收端,当数据逐层向上传递时,各种报头及报尾将被一层一层地剥去。例如,数据链路层在将数据交给网络层之前要去掉相应的帧头与帧尾,网络层则在将数据交给传输层之前要去掉分组报头,以此类推,最后数据以 APDU 形式到达接收方的应用层。

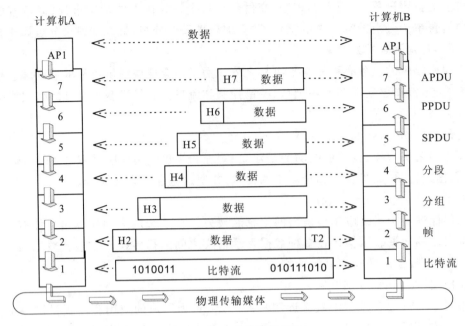

图 1-11　OSI 的数据传输

二、TCP/IP 体系结构

1. TCP/IP 体系结构的层次划分

网络互连是目前网络技术研究的热点之一,在诸多网络互连协议中,TCP/IP 协议是一个使用非常普遍的网络互联标准协议。TCP/IP 协议是美国国防部高级计划研究局(DARPA)为实现 ARPANET(后来发展为 Internet)而开发的,也是很多大学和研究所多年的研究及商业化的结果。目前,众多网络厂家的产品都支持 TCP/IP 协议,TCP/IP 协议已成为一个事实上的工业标准。

其实 TCP/IP 是一组协议的代名词,它还包括许多别的协议,组成了 TCP/IP 协议簇。一般来说,TCP 提供传输层服务,而 IP 提供网络层服务。

与 OSI 参考模型不同,TCP/IP 体系结构将网络划分为应用层(Application Layer)、传输层(Transport Layer)、网际层(Internet Layer)和网络访问层(Network Interface Layer)四层,与 OSI 参考模型有一定的对应关系,如图 1-12 所示。

2. TCP/IP 体系结构中各层的功能

1)网络访问层

在 TCP/IP 分层体系结构中,网络访问层是其最底层,负责接收从网际层交下来的 IP 数据报并将其通过底层物理网络发送出去,或者从底层物理网络上接收物理帧,抽出 IP 数据包,交给网际层。在网络访问层,TCP/IP 并没有定义任何特定的协议,它支持所有标准的和专用的协议。在 TCP/IP 互联网中的网络可以是局域网、城域网或广域网。

2)网际层

网际层是 TCP/IP 体系结构的第二层,它实现的功能相当于 OSI 参考模型网络层的无连

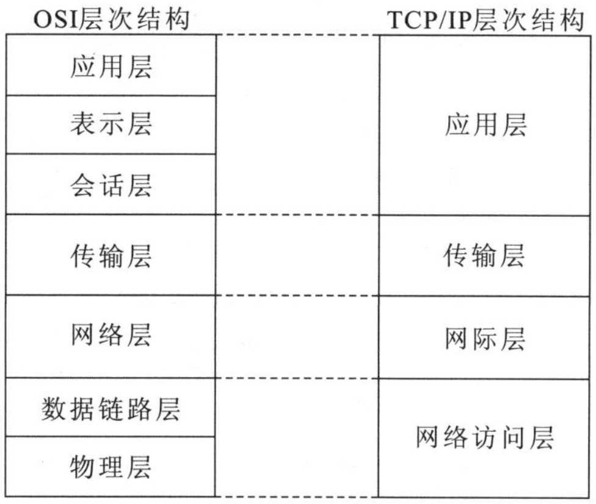

OSI层次结构	TCP/IP层次结构
应用层	应用层
表示层	
会话层	
传输层	传输层
网络层	网际层
数据链路层	网络访问层
物理层	

图 1-12　OSI 和 TCP/IP 层次结构的对应关系

接网络服务。网际层负责将源主机的报文分组发送到目的主机,源主机与目的主机可以在一个网上,也可以在不同的网上。

网际层的主要功能如下。

（1）处理来自传输层的分组发送请求。在收到分组发送请求之后,将分组装入 IP 数据报,填充报头,选择发送路径,然后将数据报发送到相应的网络输出。

（2）处理接收的数据报。在接收到其他主机发送的数据报之后,检查目的地址,如需要转发,则选择发送路径,转发出去;如目的地址为本节点地址,则除去报头,将分组送交传输层处理。

（3）处理互联的路径、流控与拥塞问题。

3）传输层

传输层位于网际层之上,它的主要功能是负责应用进程之间的端—端通信。为了标识参与通信的传输层对等实体,传输层提供了关于不同进程的标识。为了适应不同的网络应用,传输层提供了面向连接的可靠传输与无连接的不可靠传输两类服务。

4）应用层

在 TCP/IP 体系结构中,传输层之上是应用层,应用层为用户提供网络服务,并为这些应用提供网络支撑服务,它包括了所有的高层协议。

3. TCP/IP 模型中的各层主要协议

TCP/IP 是伴随 Internet 发展起来的网络模型,因此在这个模型中包括了一系列行之有效的网络协议,目前有一百多个。这些协议被用来将各种计算机和数据通信设备组成实际的 TCP/IP 计算机网络。TCP/IP 模型中的一些重要协议如图 1-13 所示。

1）网络访问层

在网络访问层中,TCP/IP 体系结构并未对网络接口层使用的协议作强硬的规定,它允许主机连入网络时使用多种现成的和流行的协议,包括各种现有的主流物理网络协议与技术,例如局域网中的以太网、令牌环网、FDDI、无线局域网和广域网中的帧中继（Frame Relay）、ISDN、ATM、X.25 和 SDH 等。

2）网际层

网际层包括多个重要的协议,其中互联网络协议（Internet Protocol,IP）是最核心的协议,

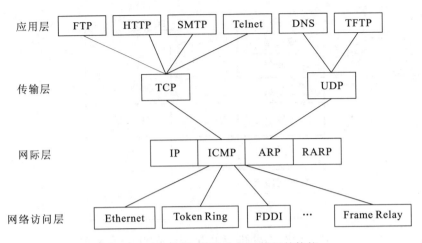

图1-13 TCP/IP模型中各层使用的协议

该协议规定网际层数据分组的格式;因特网控制消息协议(Internet Control Message Protocol,ICMP)用于实现网络控制和消息传递功能;地址解释协议(Address Resolution Protocol,ARP)用于提供IP地址到MAC地址的映射;反向地址解释协议(Reverse Address Resolution Protocol,RARP)则提供了MAC地址到IP地址的映射。

3)传输层

传输层提供了两个协议,分别是传输控制协议(Transport Control Protocol,TCP)和用户数据报协议(User Datagram Protocol,UDP)。TCP提供面向连接的可靠传输,通过确认、差错控制和流量控制等机制来保证数据传输的可靠性,经常用于有大量数据需要传送的网络应用。UDP提供无连接的不可靠传输服务,主要用于不要求数据顺序和可靠到达的网络应用。

4)应用层

应用层包括了众多的应用协议与应用支撑协议。常见的应用协议有超文本传输协议(HTTP)、简单邮件传输协议(SMTP)、简单文件传输协议(TFTP)、文件传输协议(FTP)、虚拟终端协议(Telnet);常见的应用支撑协议包括域名服务(DNS)和简单网络管理协议(SNMP)。

(1)HTTP:用来在浏览器和www服务器之间传送超文本的协议。

(2)SMTP:用于实现电子邮件传输的应用协议。

(3)FTP:用于实现文件传输服务的协议。通过FTP用户可以方便地连接到远程服务器上,可以查看、删除、移动、复制、更改远程服务器上的文件内容,并能进行上传文件和下载文件等操作。

(4)TFTP:用于提供小而简单的文件传输服务。从某个意义上来说,TFTP是对FTP的一种补充,特别是在文件较小并且只有传输需求时该协议显得更加有效率。

(5)Telnet:实现虚拟或仿真终端的服务,允许用户把自己的计算机当做远程主机上的一个终端连接到远程计算机,并使用基于文本界面的命令控制和管理远程主机上的文件及其他资源。

为了使用户更加可靠、高效地访问网络应用服务,TCP/IP模型的应用层还提供了一些专门的应用支撑协议,如域名服务系统(DNS)、简单网络管理协议(SNMP)等。

(1)DNS：用于实现域名和 IP 地址之间的相互转换。

(2)SNMP：由于 Internet 结构复杂，拥有众多的操作者，因此需要好的工具进行网络管理，以确保网络运行的可靠性和可管理性，而 SNMP 提供了一种监控和管理计算机网络的有效方法，它已成为计算机网络管理的事实标准。

4. TCP/IP 编址

使用 TCP/IP 协议的互联网使用三个等级的地址：物理地址、Internet 地址（即 IP 地址）以及端口地址。每一种地址属于 TCP/IP 体系结构中的特定层。

1）物理地址

物理地址也叫做链路地址，是节点的地址，由它所在的局域网或广域网定义。物理地址含在数据链路层使用的帧中。物理地址是最低一级的地址。

物理地址直接管理网络（局域网或广域网）。这种地址的长度和格式是可变的，取决于网络，例如，以太网使用写在网络接口卡（NIC）上的 6 字节（48 位）的物理地址。

物理地址可以是单播地址（一个接收者）、多播地址（一组接收者）或广播地址（由网络中的所有系统接收）。

2）Internet 地址

Internet 地址对于通用的通信服务是必需的，这种通信服务与底层的物理网络无关。在互联网的环境中仅使用物理地址是不合适的，因为不同网络可以使用不同的地址格式。因此，需要一种通用的编址系统来唯一地标识每一个主机，而不管底层是使用什么样的物理网络。Internet 地址就是为此目的而设计的。目前 Internet 的地址是 32 位地址，可以用来标识连接在 Internet 上的每一个主机。在 Internet 上没有两个主机具有同样的 IP 地址。

Internet 地址也可以是单播地址（一个接收者）、多播地址（一组接收者）或广播地址（由网络中的所有系统接收）。

3）端口地址

对于从源主机将许多数据传送到目的主机来说，IP 地址和物理地址是必须使用的。但是到达目的主机并非在 Internet 上进行数据通信的最终目的。一个系统若只能从一台计算机向另一台计算机发送数据，是很不够的。今天的计算机是多进程设备，即可以在同一时间运行多个进程。Internet 通信的最终目的是使一个进程能够和另一个进程通信。例如，计算机 A 和计算机 C 使用 Telnet 进行通信，与此同时，计算机 A 还和计算机 B 使用 FTP 通信。为了能够同时发生这些事情，我们需要有一种方法对不同的进程打上标号。换言之，这些进程需要有地址。在 TCP/IP 体系结构中，给一个进程指派的标号叫做端口地址。TCP/IP 中的端口地址是 16 位长。

第三节 网络管理基本概念

现在网络上有各种网络互连设备和程序处于运行状态，实现对各种硬件平台、各种软件操作系统中运行程序的统一管理成为一种迫切的需求。对这些程序的管理的主要任务就是向它们发送命令和数据，以及从它们那里取得数据和状态信息。这样，系统需要一个管理者的角色和被管理对象（Managed Object，MO）。由于一般程序都有多种对象需要被管理（对应一组不同的网络资源），因此，我们可以用一个程序作为代理（Agent），将这些被管理对象全部包装起来,实现对管理者的统一交互。

要实现对被管理程序(代理)的管理,管理者需要知道被管理程序中的信息模型(实际上就是代理包含的被管理对象的信息模型)。为了这些信息的传送,人们就必须在管理者和被管理者之间规定一个网络协议。我们知道,不同的平台对于整数、字符有不同的编码,为了让不同平台下的应用程序读懂对方的数据,还必须规定一种没有二义性、统一的数据描述语法和编码格式。所以,国际电信联盟(International Telecommunication Union,ITU)规定了信息模型定义的语法(Guidelines for Definition of Managed Objects,GDMO)、OSI 应用层的协议(Common Management Information Protocol,CMIP)、标准的数据描述语言(Abstract Syntax Notation One,ASN.1)。

GDMO 语法主要用来描述各种网络中需要被管理的具体和抽象的资源。一般厂商的设备都需要用这种语法将该设备的信息模型描述出来,以方便用户或者别的厂商实现对该设备的管理。CMIP 的下层协议一般使用 OSI 的协议堆栈,主要用来实现对 GDMO 定义对象的各种操作,如创建、删除对象实例与属性读写等。由于硬件不同,软件平台上的数据格式(编码格式、字长、结构内部寻址边界等)不同,电信管理网(Telecommunication Management Network,TMN)的管理者和被管理者必须通过统一的数据描述语言 ASN.1,保证对接收的数据作出正确的解析。

ASN.1 不仅是一种数据描述语言,它还为通信的双方规定了同一种数据编码格式,例如 BER(Basic Encoding Rule)。在一个管理程序和被管理程序之间,用标准的 GDMO 定义信息模型,用 ASN.1 定义交互数据,用 CMIP 实现交互操作,这三点实现以后,我们就可以认为设备之间遵从了 TMN 中功能模块间的 Q3 接口(Reference Point)标准。当然,ITU 还规定了别的接口,如 Qx、X 等,这些接口可以认为是为 Q3 服务的。

一、网络管理

从广义上讲,任何一个系统都需要管理,只是根据系统的大小、复杂性的高低,管理在系统中的重要性有重有轻。网络是一个复杂系统,也需要进行有效的管理。追溯到 19 世纪末,当时的电信网络就已有相应的管理系统——电话话务员,他就是整个电话网络系统的管理员,尽管他能管理的内容非常有限。而计算机网络的管理,可以说是伴随着 1969 年世界上第一个计算机网络——ARPANET 的产生而产生的。随后的一些网络结构,如 IBM 的 SNA、DEC 的 DNA、Apple 的 Apple Talk 等,也都有相应的管理系统。虽然网络管理很早就有,但是却一直没有得到应有的重视。这是因为当时的网络规模较小、复杂性不高,一个简单的专用网络管理系统就可满足网络正常工作的需要,因而对其研究较少。但随着网络的发展,规模增大、复杂性增加,以前的网络管理技术已不能适应网络的迅速发展。特别是以往的网络管理系统往往是厂商在自己的网络系统中开发的专用系统,很难对其他厂商的网络系统、通信设备软件等进行管理,这种状况很不适应网络异构互连的发展趋势。20 世纪 80 年代初期 Internet 的出现和发展更使人们意识到了这一点。

研究开发者们迅速展开了对网络管理的研究,并提出了多种网络管理方案,包括 HEMS (High Level Entity Management Systems)、SGMP(Simple Gateway Monitoring Protocol)、CMIS/CMIP(Common Management Information Service/Protocol)、Net View、Lan Manager 等。到 1987 年底,Internet 的核心管理机构因特网结构委员会(Internet Activities Board,

IAB)意识到需要在众多的网络管理方案中进行选择,以便集中对网络管理进行研究。IAB 要选择适合于 TCP/IP 网络、特别是 Internet 的管理方案。在 1988 年 3 月的会议上,IAB 制定了 Internet 管理的发展策略,即采用 SGMP 作为短期的 Internet 管理解决方案,并在适当的时候转向 CMIS/CMIP。其中,SGMP 是在 NYSERNET 和 SURANET 上开发应用的网络管理工具,而 CMIS/CMIP 是 20 世纪 80 年代中期国际标准化组织(ISO)和国际电报电话咨询委员会(CCITT)联合制定的网络管理标准。同时,IAB 还分别成立了相应的工作组,对这些方案进行适当的修改,使它们更适于 Internet 的管理。

这些工作组随后相应推出了 SNMP(1988) 和 CMIP/CMIS(1989),但实际情况的发展并非如 IAB 所计划的那样。SNMP 一推出就得到了广泛的应用和支持,而 CMIS/CMIP 的实现却由于其复杂性和实现代价太高而遇到了困难。当 ISO 不断修改 CMIP/CMIS 使之趋于成熟时,SNMP 在实际应用环境中得到了检验和发展。1990 年互联网工程任务组(Internet Engineering Task Force,IETF)在 RFC1157 中正式公布了 SNMP,1993 年 4 月又发布了 SNMPv2(RFC 1441)。当 ISO 的网络管理标准终于趋向成熟时,SNMP 已经得到了数百家厂商的支持,其中包括 IBM、HP、Fujitsu、SunSoft 等大公司和厂商。目前,SNMP 已成为网络管理领域中事实上的工业标准,并被广泛支持和应用,大多数网络管理系统和平台都是基于 SNMP 的。

由于实际应用的需要,对网络管理的研究很多,并已成为涉及通信和计算机领域的全球性热门课题。IEEE 通信学会下属的网络营运与管理专业委员会(Committee of Network Operation and Management,CNOM)从 1988 年起每两年举办一次网络营运与管理专题讨论会(Network Operation and Management Symposium,NOMS)。国际信息处理联合会(IFIP)也从 1989 年开始每两年举办一次综合网络管理专题讨论会。还有一个 OSI 网络管理论坛(OSI/NMFORUM),专门讨论网络管理的有关问题。近几年来,又有一些厂商和组织推出了自己的网络管理解决方案。比较有影响的有网络管理论坛的 OMNI Point 和开放软件基金会(OSF)的 DME (Distributed Management Environment)。另外,各大计算机与网络通信厂商已经推出了各自的网络管理系统,如 HP 的 OpenView、IBM 的 NetView 系列、Fujitsu 的 NetWalker 及 SunSoft 的 Sunnet Manager 等。它们都已在各种实际应用环境下得到了一定的应用,并已有了相当的影响。

网络近几年来在中国得到了迅速的发展,特别是在一些大中型企业、银行金融部门、邮电行业等领域,应用更为广泛,但网络管理仅处于起步阶段。由于网络管理系统对一个网络系统的高效运行非常重要,因此在我国大力推广网络管理系统的研究与应用非常迫切。我们的观点是,在应用方面要采取引进与自己开发相结合的方式。一方面,国内对网络管理的研究与应用刚刚开始,与国外先进水平有一定的差距,完全自己开发是不太现实的;另一方面,仅仅依靠国外的产品也并不好,国外的网络管理产品并不一定适合我国的网络应用环境,而且这对我们自己的网络管理研究也不利。在研究方面,应尽可能跟踪国外的先进技术,并开展自己的研究。

二、网络管理的功能

ISO 在 ISO/IEC 7498-4 文档中定义了网络管理的五大功能,并被广泛接受,这五大功能如下。

1. 故障管理（Fault Management）

故障管理是网络管理中最基本的功能之一。用户都希望有一个可靠的计算机网络，当网络中某个组成失效时，网络管理器必须迅速查找到故障并及时排除。通常不大可能迅速隔离某个故障，因为网络故障的产生原因往往相当复杂，特别是当故障是由多个网络组成共同引起时，在此情况下，一般先将网络修复，然后再分析网络故障的原因。分析故障原因对于防止类似故障的再发生相当重要。网络故障管理包括故障检测、隔离和纠正三方面，应包括以下典型功能：维护并检查错误日志，接受错误检测报告并作出响应，跟踪、辨认错误，执行诊断测试，纠正错误。

对网络故障的检测依据对网络组成部件状态的监测。不严重的故障通常被记录在错误日志中，并不作特别处理；而严重的故障则需要通知网络管理器，网络管理器会根据有关信息进行处理，排除故障。当故障比较复杂时，网络管理器应能执行一些诊断测试来辨别故障原因。

2. 计费管理（Accounting Management）

计费管理记录网络资源的使用，目的是控制和监测网络操作的费用和代价。它对一些公共商业网络尤为重要。它可以估算出用户使用网络资源可能需要的费用和代价，以及已经使用的资源。网络管理员还可规定用户可使用的最大费用，从而控制用户过多占用网络资源，这也提高了网络的效率。另外，当用户为了一个通信目的需要使用多个网络中的资源时，计费管理应可计算总计费用。

3. 配置管理（Configuration Management）

配置管理初始化网络并配置网络，以使其提供网络服务。配置管理是一组用来辨别、定义、控制、监视一个通信网络的对象所必需的功能，目的是为了实现某个特定功能或使网络性能达到最优，这包括：设置开放系统中有关路由操作的参数、对被管对象和被管对象组名字的管理、初始化或关闭被管对象、根据要求收集系统当前状态的有关信息、获取系统重要变化的信息、更改系统的配置。

4. 性能管理（Performance Management）

性能管理包括估价系统资源的运行状况及通信效率等系统性能，其能力包括监视和分析被管网络及其所提供服务的性能机制。性能分析的结果可能会触发某个诊断测试过程或重新配置网络以维持网络的性能。性能管理收集分析有关被管网络当前状况的数据信息，并维持和分析性能日志。性能管理的典型功能包括：收集统计信息、维护并检查系统状态日志、确定自然和人工状况下系统的性能、改变系统操作模式以进行系统性能管理的操作。

5. 安全管理（Security Management）

安全性一直是网络的薄弱环节之一，而用户对网络安全的要求又相当高，因此网络安全管理非常重要。网络中主要存在以下安全问题：网络数据的私有性（保护网络数据不被侵入者非法获取）、授权（防止侵入者在网络上发送错误信息）、访问控制（控制访问控制，控制对网络资源的访问）。相应的，网络安全管理应包括对授权机制、访问控制机制、加密和加密关键字的管理，另外还要维护和检查安全日志，包括创建、删除、控制安全服务和机制，与安全相关信息的分布，与安全相关事件的报告。

三、网络管理系统

网络系统的复杂性越来越强，所以针对网络管理而开发的各类管理系统也越来重要，历史上比较重要的网络管理系统主要有以下几种。

1. NetView

IBM 公司早在 20 世纪 70 年代末就推出了一系列网络管理工具,经过不断地修改和扩充,在 1986 年正式推出 NetView。起初这个网管工具主要被用在 SNA 网络中,经过十多年的改进,终于演变成能够支持多种协议、能满足局域网和广域网管理需要、功能强大的网络管理工具。

2. SunNet Manager

SunSoft 公司的网络管理系统 SunNet Manager 运行在 X Windows 上,用于管理 TCP/IP 网络,完整地支持 SNMP 协议。它的功能元素主要有管理应用程序、代理和委托代理程序等,管理应用程序收集和管理网络中各个结点的信息;而代理和委托代理则接受管理应用程序的检索请求,报告所管理节点的有关数据。委托代理还有两种与代理不同的特别功能:一是它使用远程过程调用(RPC)技术响应、管理应用程序的请求,因而可以处理多种协议;二是它可以管理多个站,形成局部的集中式管理,很适合站点密集型局域网应用。

管理控制台是用户管理应用交互作用的工具。这个软件运行在管理站上,可以用图形、图表或记录格式显示来自代理的数据报告,还可以把数据存储在磁盘文件中,供以后分析用。当代理发来用户定义的事件报告(例如设备启动)时,管理应用程序接收后以 E-mail 报文和声音警告的形式显示在管理控制台上。

管理数据库包含各种信息,例如关于节点的定义信息(名字可响应的请求)、关于代理的定义信息(属性和配置)等。所有信息存储在缓冲池中,任何时候缓冲池中保存的都是有关网络元素最新的信息集合,就像网络元素的"快照"一样。

SunNet Manager 的管理应用程序接口(API)提供了各种实用程序和库函数,可供用户开发自己的管理应用程序。

3. OpenView

OpenView 是 HP 公司的网络管理系统。由于 HP 公司一贯支持 UNIX 和 TCP/IP 的传统,因而 OpenView 原本是用来管理 TCP/IP 网络的,但是今天的 OpenView 已经演变为能管理多种网络(无论是局域网或广域网)、多种协议的功能强大的软件包。

4. 基于 Web 的网络管理——JMAPI

基于 Web 的网络管理系统是目前网络管理发展的一种趋势。SunSoft 公司提供了一组 Java 编程接口,供用户开发基于 Web 浏览器的网络管理应用,这一组编程接口统称 JMAPI。

第二章 网络管理

第一节 OSI 系统管理的基本概念

OSI 系统管理操作在对等的开放系统之间进行,其中一个系统为管理站,另一个系统起代理的作用。管理站实施管理功能,而代理要接受管理站的查询,并且根据管理站的命令设置管理对象的参数。

管理站和代理之间互相通信,主要通过交换应用上下文 AC(Application Context)实现。AC 是指管理站和代理之间共同使用的应用服务元素及其调用规则。系统管理应用实体的管理知识存储在本地的文件中,在应用联系建立阶段,通过交换应用上下文来形成共享的管理知识。

管理站和代理之间的信息交换通过协议数据单元(PDU)进行。通常是管理站向代理发送请求 PDU,代理响应 PDU 回答,而管理信息包含在 PDU 参数中。在有些情况下,代理也可能向管理站发送消息,特别地把这种消息叫做时间报告(或通知),管理站可根据报告的内容决定是否作出回答。

为了及时了解管理对象的最新情况,代理必须经常查询对象的各种参数。这种定期查询叫轮询(Polling)。轮询的间隔或频度对于网络管理的性能有很大的影响。轮询过于频繁,会加重网络通信负载;轮询过少,又不能及时掌握管理对象的最新状态。所以轮询的间隔应根据网络配置和管理标准仔细设计。另外,如果管理对象中出现了特殊情况,例如打印机缺纸,管理对象不必等待代理查询,可直接向代理发出通知。如果必要,代理可以把对象的通知以事件报告的形式发往管理站。

有时管理站要想知道代理是否存在,是否可随时与之通信,这时可以利用一种叫做心跳的机制(Heartbeats),即代理每隔一定时间向管理站发出信号,报告自己的状态。同样,心跳的间隔也需要慎重决策。

一、管理域和管理策略

对于分布式管理,管理域是一个重要的概念。管理对象的集合叫管理域。管理域的划分可能是基于地理范围的,也可能是基于管理功能的,或者是由于技术的原因。无论怎样划分,其目的都是对于不同管理域中的对象实行不同的管理策略。

每个管理域都有唯一的名字,包含一组被管理对象,代理和管理对象之间有一套通信规则。属于一个管理域的对象也可能属于另一个管理域,当网络被划分为不同的管理域后,还应该有一个更高级的控制中心,以免引起混乱。因而在以上概念模型的基础上又引入行政域(Administrative Domian)的概念。行政域的作用是划分和改变管理域,协调管理域之间的关系。此外，行政域也对本域中的管理对象和代理实施管理和控制。

二、管理信息结构

管理信息描述管理对象的状态和行为。OSI 标准采用面向对象的模型定义管理对象。按照对象类的继承关系，表示管理信息的所有对象类型组成一个继承层次树。继承性反映了软件重用性。设计一个新的对象类时不必全部从头开始，可以根据新数据类型的属性和已有类的相似关系把新类插入到继承层次树中。相同的属性可以从父类中继承，再在父类的基础上设计新对象类的特性，从而减少设计工作量。这种设计方法已经成为现代程序设计和系统设计的常规方法。

OSI 管理的面向对象模型是一个非常复杂的模型，几乎囊括了已知的所有面向对象的概念，例如多继承性、多态性(Polymorphism)和同质异晶性(Allomorphism)等。多继承性是指一个子类有多个超类。多态性源于继承性，子类继承超类的操作，同时又对继承的操作作了特别的修改，使得不同的对象类对同一操作会作出不同的响应，这种特性就叫多态性。我们说一个对象具有同质异晶性是指它可以是多个对象类的实例，例如一个协议有两个兼容的版本，一个协议实体既是老版本的实例，又是新版本的实例。

一个管理对象可以是另一个管理对象的一部分，这就形成了管理对象之间的包含关系。包含关系可以表示成有向树。

包含树与对象名的命名有关，因而包含树对应于对象命名树。对象的名字分为全局名和本地名。全局名从包含树的树根开始，向下级联各个被包含对象的名字，直到指向的对象。而本地名则可以从任意上级包含对象的名字开始向下级联。

在 OSI 标准中管理对象类由 ASN.1 的对象标识符表示。对象标识符是由圆点隔开的整数序列。这一列整数反映了对象注册的顺序，即在注册层次树中的位置。我们知道网络上的任何信息都可以用 ASN.1 定义，并根据与其他信息的关系为其指定一个对象标识符，这样所有网络信息就组成了注册层次树，这个树的根指向 ASN.1 标准，但没有编号。

三、系统管理支持功能

简单地说，应用层由应用进程(Application Process, AP)及其使用的应用实体(Application Entity, AE)组成，应用进程把信息处理功能和通信功能组合在一起，通过一个全局的名字可以调用这个功能。例如远程数据库访问可组成一个应用进程，这个应用进程与远处的数据库服务进程交互作用(发出检索命令→接收响应→处理结果)，完成数据库检索。应用进程的通信功能是由应用实体实现的，为了实现不同性质的通信，一个应用进程可能使用一个或多个应用实体。应用实体还可以再划分为应用服务元素(Application Service Element, ASE)。ASE 是具有简单通信能力的功能模块，对等的 ASE 之间有专用的服务定义和协议规范，应用实体首先要与对等的应用实体建立应用联系(Application Association, AA)，然后才能通信。建立应用联系的过程主要是交换应用上下文(Application Context, AC)，AC 可以用名字(对象标识符)引用一组 ASE 及其调用规则。在建立联系期间通过协商确定共同认可的应用上下文，并在应用活动期间遵守商定的通信规则。

应用服务元素分为公用服务元素和专用服务元素。在网络管理中使用的公用服务元素有联系控制服务元素 ACSE 和远程操作服务元素 ROSE。ACSE 主要用于建立和释放两个 AEI

间的应用关联并决定关联应用环境,这个元素对任何应用都是必要的。ROSE 用于实现对等应用实体之间的远程过程调用,当管理站启动管理对象中的特殊操作时要利用这个元素。

网络管理中使用的专用服务元素叫公共管理信息服务元素(CMISE),这一组服务元素共同组成 CMISE。CMISE 共有七种,其中四种是确认的(类型为 c),三种可以有或没有确认(类型为 c/n)。在 OSI 管理标准中,公共管理服务元素和公共管理协议操作一一对应。

第二节 网络管理系统体系结构

一、网络管理框架

网络管理系统的界面虽然存在多样化,但具有相似的网络管理框架(图 2-1),其共同特点如下。

(1)管理功能分为管理站(Manager)和代理(Agent)两部分。
(2)为存储管理信息提供数据库支持,例如关系数据库或面向对象的数据库。
(3)提供用户接口和用户视频(View)功能,例如 GUI 和管理信息浏览器。
(4)提供基本的管理操作,例如获取管理信息、配置设备参数等操作。

过程中目标管理应用是用户根据需要开发的软件,这种软件运行在具体的网络上,实现特定的管理目标,例如故障诊断和性能优化,或者业务管理和安全控制等。网络管理应用的开发是目前最有活力、最具增长性的市场。

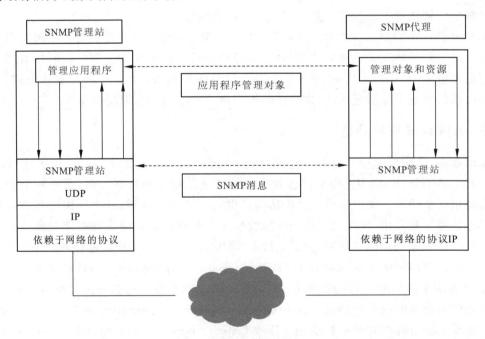

图 2-1 网络管理体系结构

每一个网络节点都包含一组与管理有关的软件,叫网络管理实体(NME)。网络管理实体完成下面的任务。

(1) 收集有关通信和网络活动方面的统计信息。
(2) 对本地设备进行测试,记录其状态信息。
(3) 在本地存储有关信息。
(4) 响应网络控制中心的请求,传送统计信息或设备状态信息。
(5) 根据网络控制中心的指令,设置或改变设备参数。

网络中至少有一个节点(主机或路由器)担当管理站的角色(Manager),除了 NME 之外,管理站中还有一组软件,叫做网络管理实体(NME)。NME 提供用户接口,根据用户的命令显示管理信息,通过网络向 NME 发出请求或指令,以便获取有关设备的管理信息,或者改变设备配置。

网络中的其他节点在 NME 的控制下与管理站通信,交换管理信息。这些节点中的 NME 模块叫做代理模块,网络中任何被管理的设备(主机、网桥、路由器或集线器等)都必须实现代理模块。所有代理在管理站监视和控制下协同工作实现集成的网络管理。这种集中式网络管理策略的好处是管理人员可以有效地控制整个网络资源,根据需要平衡网络负载,优化网络性能。然而,对于大型网络,集中式的管理往往显得力不从心,正在让位于分布式的管理策略,这种向分布式管理演化的趋势与集中式计算模型向分布式计算演化的总趋势是一致的。在这种配置中,分布式管理系统代替了单独的网络控制主机。地理上分布的网络管理客户机与一组网络管理服务器交互作用,共同完成网络管理功能。这种管理策略可以实现分部门管理:即限制每个客户机只能访问和管理本部门的部分网络资源,而由一个中心管理站实施全局管理。同时中心管理站还对管理功能较弱的客户机发出指令,实现更高级的管理。分布式网络管理的灵活性(Flexibility)和可伸缩性(Scalability)带来的好处日益为网络管理工作者所青睐,这方面的研究和开发是目前网络管理中最活跃的领域。

二、网络管理软件的结构

网络管理软件包括用户接口软件、管理专用软件和管理支持软件,用户通过网络管理接口与管理专用软件交互作用,监视和控制网络资源。接口软件不但存在于管理主机上,而且也可能出现在代理系统中,以便对网络资源实施本地配置、测试和排错。有效的网络管理系统需要统一的用户接口,而不论主机和设备出自何方厂家、运行什么操作系统,这样才可以方便地对异构型网络进行监控。接口软件还要有一定的信息处理能力,对大量的管理信息要进行过滤、统计,甚至求和与化简,以免传递的信息量太大而阻塞网络通道。另外,理想的用户接口应该是图形用户接口,而非命令或表格等形式。

第三节 简单网络管理协议 SNMP

TCP/IP 网络管理最初使用的是 1987 年 11 月提出的简单网关监控协议 SGMP(Simple Gateway Monitoring Protocol),在此基础上改进成简单网络管理协议第一版 SNMPv1(Simple Network Management Protocol),该协议陆续公布在 1990 年和 1991 年的几个 RFC(Request For Comments)文件中,即 RFC 1157(SMI)、1157(SNMP)、RFC1212(MIB 定义)和 RFC1213(MIB-2 规范)。由于其具有简单性和易实现性,SNMPv1 得到了许多制造商的支持和广泛应用。几年以后,在第一版的基础上改进了部分功能,提高了安全性,又发布了第二版 SNMPv2（RFC1902—1908，1996）。现在，最新的标准 SNMPv3（RFC2570—2575，Apr. 1999）也已经完成了。

在同一时期用于监视局域网通信的标准——远程网络监视 RMON（Remote Monitoring）也出现了，这就是 RMON-1(1991)和 RMON-2(1995)。这一组标准定义了监视网络通信的管理信息库，是 SNMP 管理信息库的扩充，与 SNMP 协议配合可以提供更加有效的管理性能，也得到了广泛应用。

另外，IEEE 还定义了局域网的管理标准，即 IEEE802.1b LAN/MAN 管理。这个标准用于管理物理层和数据链路层的 OSI 设备，因而也叫做 CMOL(CMIP over LLC)。为了适应电信网络管理的需要，ITU-T 在 1989 年定义了电信网络管理标准 TMN（Telecommunications Management Network），即 M.30 建议（蓝皮书）。

近年来，随着无界与智能两个概念的广泛发展与应用，网络管理的体系结构中也加入了这些扩展性与智能元素。使得网络管理系统更具有效性、智能性和鲁棒性。

一、SNMP 管理结构及工作机制

1. SNMP 管理结构

网络运行中心对网络及其设备的管理有三种方式：本地终端方式、远程 Telnet 命令方式、基于 SMNP 的代理/服务器方式。

1) 本地终端方式

本地终端方式是通过被管理设备的 RS-232 接口，与网管机相连接，进行相应的监控、配置、计费、性能和安全等管理的方式。这种方式一般适用于管理单台重要的网络设备，例如路由器等。

2) 远程 Telnet 命令方式

通过计算机网络对已知地址和管理口令的设备进行远程登录，并进行各种命令操作和管理。只适用于对网络中的单台设备进行管理。

远程 Telnet 命令方式与本地终端方式管理的区别是其可以异地操作，网络管理员不必亲自在现场进行管理。

3) 基于 SNMP 的代理/服务器方式

SNMP 体系结构有三个基本组成部分，包括：管理进程（Manager）、管理代理（Agent）和管理信息库（MIB）。

2. SNMPv1 的工作机制

SNMPv1 协议的工作机制具有以下特点，我们依次进行解释。

1) SNMPv1 支持的操作

SNMP 仅支持对管理对象值的检索和修改等简单操作。具体地说，SNMP 实体可以对 MIB-2 中的对象支持执行下列操作。

(1) Get：管理站用于检索管理信息库中标量对象的值。

(2) Set：管理站用于设置管理信息库中标量对象的值。

(3) Trap：代理用于向管理站报告管理对象的状态变化。

2) SNMP PDU 格式

RFC1157 给出了 SNMPv1 协议的定义，这个定义是用 ASN.1 表示的，在 SNMP 管理中，

管理站和代理之间交换的管理信息构成了 SNMP 报文。报文由三部分组成,即版本号、团体名和协议数据单元(PDU)。报文头中的版本号是指 SNMP 的版本,RFC1157 为第一版。团体名用于身份认证,我们将在下一节介绍 SNMP 的安全机制时谈到团体名的作用。SNMP 共有五种管理操作,但只有四种 PDU 格式。管理站发出的三种请求报文 GetRequest、GetNextRequest 和 SetRequest 采用的格式是一样的,代理的应答报文格式只有一种——GetResponsePDU,从而减少了 PDU 的种类。

3)报文应答序列

SNMP 报文在管理站和代理之间传送,包含 GetRequest、GetNextRequest 和 SetRequest 的报文由管理站发出,代理以 GetRequest 响应。Trap 报文由代理发给管理站,不需要应答。一般来说,管理站可连续发出多个请求报文,然后等待代理返回应答报文。如果在规定的时间内收到应答,则按照请求标识进行配对,即应答报文必须与请求报文有相同的请求标识。

4)报文发送和接收

当一个 SNMP 协议实体(PE)发送报文时执行下面的过程:首先是按照 ASN.1 的格式构造 PDU,交给认证进程;认证进程检查源和目标之间是否可以通信,如果通过这个检查则把有关信息(版本号、团体名、PDU)组装成报文;最后经过 BER 编码,交传输实体发送出去。

当一个 SNMP 协议实体(PE)接收到报文时执行的过程:首先是按照 BER 编码恢复 ASN.1 报文,然后对报文进行语法分析、验证版本号和认证信息等;如果通过分析和验证,则分离出协议数据单元,并进行语法分析,必要时经过适当处理后返回应答报文;在认证检验失败时可以生成一个陷入报文,向发送站报告通信异常情况;无论何种检验失败,都丢弃报文。

SNMP 操作访问对象实例,而且只能访问对象标识符树的叶子节点。然而为了减少通信负载,我们希望一次检索多个管理对象,把多个变量的值装入一个 PDU,这时要用到变量绑定表。RFC1157 建议在 Get 和 GetNext 协议数据单元中发送实体把变量置为 ASN.1 的 NULL 值,接收实体处理时忽略它,在返回的应答协议数据单元中设置为变量的实际值。

二、SNMPv1 的安全机制

1. 团体的概念

SNMP 网络管理是一种分布式应用。这种应用的特点是管理站和被管理站之间的关系可以是一对多关系,即一个管理站可以管理多个代理,从而管理多个被管理设备。此外,管理站和代理之间还可能存在多对一的关系。代理控制自己的管理信息库,也控制多个管理站对管理信息库的访问,例如,只有授权的管理站才允许访问管理信息库,或者限制不同的管理站可以访问管理信息库的不同部分。另外,委托代理也可能按照预定的访问策略控制对其代理的设备的访问。RFC1157 为此提供的认证和控制机制就是这种最初等、最基本的团体名验证功能。

2. 简单的认证服务

一般来说,认证服务的目的是保证通信是经过授权的。具体到 SNMP 环境中,认证服务主要是保证接收的报文来自它所声称的源。RFC1157 提供的只是最简单的认证方案:从管理站发送到代理的报文(Get、Set 等)都有一个团体名,就像是口令字一样,通过团体名验证的报文才是最有效的。

3. 访问策略

前面说过,代理系统可以通过设置团体选择访问 MIB 的管理站,或者通过定义管理对象的访问模式限制管理站对 MIB 的访问。这样,所谓的访问控制就有以下两方面的含义。

(1) MIB 视阈:MIB 中对象的一个子集,对不同的团体可以定义不同的视阈(View)。属于同一视阈的对象不必属于同一子树。

(2) 访问模式:集合 {read-only,read-write} 的一个元素。对于一个团体可以定义一种访问模式。

4. 委托代理服务

团体形象的概念同样适用于委托代理服务。通常,委托代理是代表不支持 SNMP 的设备工作的。但是在有些情况下,被代理的设备也可能支持 TCP/IP 和 SNMP,而委托代理的作用是减少被代理的设备与管理站之间的交互过程。对于被代理的设备,委托代理定义并且维护一种 SNMP 访问策略。委托代理知道哪些 MIB 对象代表被管理的设备,也知道这些设备的访问模式。

三、SNMPv1 操作

1. 检索简单对象

检索简单的标量对象值可以用 Get 操作,如果变量绑定表中包含多个标量,一次还可以检索多个标量对象的值。接收 GetRequest 的 SNMP 实体应请求标识相同的 GetRequest 响应。特别要注意的是 GetRequest 操作的原子性:如果所有请求的对象值可以得到,则给予应答;反之,只要有一个对象的值得不到,则可能返回下列错误条件之一。

(1) 变量绑定表中的一个对象无法与 MIB 中的任何对象标识符匹配,或者要检索的对象是一个数据块(子树或表),没有对象实例生成。在这些情况下,响应实体返回的 GetRequest-PDU 中错误状态字段置为 noSuch Name,错误索引设置为一个数,指明有问题变量。变量绑定表中不返回任何值。

(2) 响应实体可以提供所有要检索的值,但是变量太多,一个响应 PDU 装不下,这往往是由下层协议数据单元大小限制的。这时响应实体返回一个应答 PDU,错误状态字段置为 tooBig。

(3) 由于其他原因(例如代理不支持)响应实体至少不能提供一个对象的值,则返回的 PDU 中错误字段置为 genError,错误索引置一个数,指明有问题的变量。变量绑定表中不返回任何值。

2. 检索未知对象

GetNext 命令检索变量名指示下一个对象实例,但是并不要求变量名是对象标识符,或者是实例标识符。

3. 检索表对象

GetNext 可用于有效地搜索表对象。

4. 表的更新和删除

Set 命令用于设置或更新变量的值。它的 PDU 格式与 Get 是相同的,但是在变量绑定表中必须包含要设置的变量名和变量值。对于 Set 命令的应答也是 GetResponse,同样是原子性的。如果所有的变量都可以设置,则更新所有变量的值,并在应答 GetResponse 中确认变量的新值;如果至少有一个变量的值不能设置,则所有变量的值都保持不变,并在错误状态中指明出错的原因。Set 出错的原因与 Get 是类似的(tooBig,noSuchName 和 genError),然后若有一个变量的名字和要设置的值在类型、长度或实际方面不匹配,则返回错误条件 badValue。

5. 陷入操作

陷入是由代理向管理站发出的异步事件报告,不需要应答报文。SNMP 规定了以下七种陷入条件。

(1)coldStart:发送实体重新初始化,代理的配置已改变,通常是由系统失效引起的。

(2)warmStart:发送实体重新初始化,但代理的配置没有改变,这是正常的重启动过程。

(3)linkDown:链路失效通知,变量绑定表的第一项指明对应接口表的索引变量及其变值。

(4)linkUp:链路启动通知,变量绑定表的第一项指明对应接口表的索引变量及其值。

(5)authenticationFailure:发送实体收到一个没有通过认证的报文。

(6)egpNeighborLoss:相邻的外部路由器失效或关机。

(7)enterpriseSpecific:由设备制造商定义的陷入条件,在特殊陷入(specific - trap)字段指明具体的陷入类型。

四、SNMP 功能组

SNMP 组包含的是关系到 SNMP 协议的实现和操作。这一组共有 30 个对象,在只支持 SNMP 站管理功能或只支持 SNMP 代理功能的实现中,有些对象是没有值的。除了最后一个对象,这一组的其他对象都是只读的计数器。对象 snmpEnableAutheuTrap 可以由管理站设置,它指示是否允许代理产生"认证失效"陷入,这种设置优先于代理自己的配置,这样就提供了一种可以排除所有认证失效陷入的手段。

五、实现问题

1. 网络管理站的功能

(1)支持扩展的 MIB:强有力的 SNMP 对管理信息库的支持必须是开放的。特别对于管理站来说,应该能够装入其他制造商定义的扩展 MIB。

(2)图形用户接口:好的用户接口可以使网络管理工作更容易、更有效。通常要求具有图形用户接口,而且对网络管理的不同部分有不同的窗口。例如能够显示网络拓扑接口、显示设备的地理位置和状态信息,可以计算并显示通信统计数据图表,具有各种辅助计算工具等。

(3)自动发现机制:要求管理站能够自动发现代理系统,能够自动建立图标并绘制出连接图形。

(4)可编程的事件:支持用户定义事件,以及出现这些事件时执行的动作。例如路由器失效时应闪动图标或改变图标的颜色,显示错误状态信息,向管理员发送电子邮件,并启动故障检测程序等。

(5)高级网络控制功能:例如配置管理站使其可以自动地关闭有问题的集线器,自动地分离出活动过度频繁的网段等。这样的功能要使用 set 操作。由于 SNMP 欠缺安全性,很多产品不支持 set 操作,所以这种要求很难满足。

(6)面向对象的管理模型:SNMP其实不是面向对象的系统。但很多产品是面向对象的系统,也能支持 SNMP。

(7)用户定义的图标:方便用户为自己的网络设备定义有表现力的图标。

2.轮询频率

我们需要一种能提高网络管理性能的轮询策略,以决定合适的轮询频率。通常轮询频率与网络的规模和代理的多少有关,而网络管理性能还取决于管理站的处理速度、子网数据速率、网络拥挤程度等众多的其他因素,所以很难给出准确的判断规则。为了使问题简化,我们假定管理站一次只能与一个代理作用,轮询只是采用 get 请求/响应这种简单形式,而且管理站全部时间都用来轮询,于是我们有下面的不等式:

$$N \leqslant T/\Delta$$

其中:N——被轮询的代理数;

T——轮询间隔;

Δ——单个轮询需要的时间。

Δ 与下列因素有关:①管理站生成一个请求报文的时间;②从管理站到代理的网络延迟;③代理处理一个请求报文的时间;④代理产生一个响应报文的时间;⑤从代理到管理站的网络延迟;⑥为了得到需要的管理信息,交换请求/响应报文的数量。

3.SNMPv1 的局限性

用户利用 SNMP 进行网络管理时一定要清楚 SNMPv1 本身的局限性。

(1)由于轮询的性能限制,SNMP 不适合管理很大的网络。轮询产生的大量管理信息传送可能引起网络响应时间的增加。

(2)SNMP 不适合检索大量的数据,例如检索整个表中的数据。

(3)SNMP 的陷入报文没有应答的,管理站是否收到陷入报文,代理不得而知。这样可能丢掉很重要的管理信息。

(4)SNMP 只提供简单的团体名认证,这样的安全措施是很不够的。

(5)SNMP 并不直接支持向被管理设备发送命令。

(6)SNMP 的管理信息库 MIB-2 支持的管理对象是有限的,不足以完成复杂的管理功能。

(7)SNMP 不支持管理站之间的通信,而这一点在分布式网络管理中是很需要的。

以上局限性有很多在 SNMP 的第二版中都有所改进。

第四节 管理信息库(MIB)

一、管理信息结构(SMI)

管理信息结构 SMI(Structure of Management Information)用于定义存储在 MIB 中管理信息的语法和语义,对 MIB 进行定义和构造。

为满足协同操作的要求,SMI 提供了以下标准化技术表示管理信息:定义了 MIB 的层次结构;提供了定义管理对象的语法结构;规定了对象值的编码方法。

管理信息结构(SMI)说明了定义和构造 MIB 的总体框架,以及数据类型的表示和命名方法。SMI 的宗旨是保持 MIB 的简单型和可扩展性,只允许存储标量和二维数组,不支持复杂的数据结构,从而简化了实现,加强了互操作性。

SMI 提供了以下标准技术表示管理信息。

(1)定义了 MIB 的层次结构。

(2)提供了定义管理对象的语法结构。

(3)规定了对象值的编码方法。

SNMP 环境中的所有被管理对象都是按层次性的结构或树型结构来排列的,如图 2-2 所示。树结构端节点对象就是实际的被管理对象,每一个对象都代表一些资源、活动或其他要管理的相关信息。

树型结构本身定义了如何把对象组合成逻辑相关的集合。并且层次树结构有以下三个作用。

(1)表示管理和控制关系。

(2)提供了结构化的信息组织技术。

(3)提供了对象命名机制。

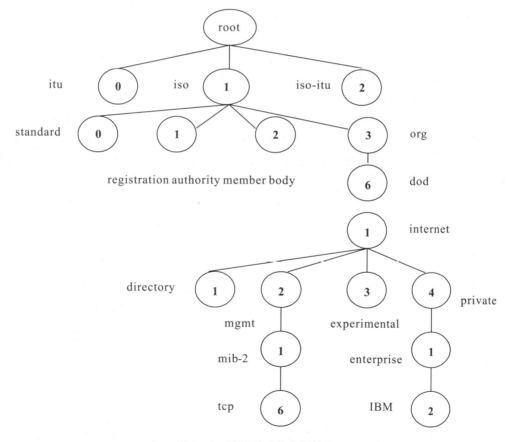

图 2-2 被管理对象的树结构

SMI 在 Internet 节点下面定义了四个节点。

(1)Directory:为将来使用 OSI 目录保留。

(2)Mgmt:用于由 IAB 批准的所有管理对象,而 mib-2 是 Mgmt 的第一个子节点。

(3)Experimental:用来识别在互联网上实验时使用的所有管理对象。

(4)Private:用于识别单方面定义的对象,或者说是为私人企业管理信息准备的。

例如,一个私人企业 LT 公司,向 Internet 编码机构申请注册,并得到一个代码 100(Cisco 公司为 9、HP 公司为 11、3Com 公司为 43)。该公司为它的令牌环适配器赋予代码为 25,则令牌环适配器的对象标识为 1.3.6.1.4.1.100.25。

二、MIB-2 功能组(RFC1213)

RFC1213 定义了管理信息库第二版,即 MIB-2。这个文件包含 11 个功能组,如表 2-1 所示,共 171 个对象。RFC1213 说明了选择这些对象的标准。

(1)包括了故障管理和配置管理需要的对象。

(2)只包含"弱"控制对象。所谓"弱"控制对象就是一旦出错对系统不会造成严重危害的对象。这反映了当前的管理协议不很安全,不能对网络实施太强的控制。

(3)选择经常使用的对象,并且友好证明当前的网络管理中正在使用。

(4)为了容易实现,开发 MIB-1 时限制对象数为 100 个左右,在 MIB-2 中,这个限制稍有突破(117 个)。

(5)不包含具体实现(例如 BSD UNIX)专用的对象。

(6)为了避免冗余,不包括那些可以从已有对象导出的对象。

(7)每个协议层的每个关键部分分配一个计数器,这样可以避免复杂的编码。

MIB-2 只包括那些被认为是必要的对象,不包括任选的对象。对象的分组方便了管理实体的实现。一般来说,制造商如果认为某个功能组是有用的,则必须实现该组的所有对象。例如一个设备实现 TCP 协议,则它必须实现 tcp 组所有对象,当然网桥或路由器就不必实现 tcp 组。

表 2-1 MIB-2 功能组

功能组	OID	主要描述
system	mib-2 1	系统说明和管理信息
interfaces	mib-2 2	实例的接口和辅助信息
at	mib-2 3	IP 地址与物理地址的转换
ip	mib-2 4	关于 IP 的信息
icmp	mib-2 5	关于 ICMP 的信息
tcp	mib-2 6	关于 TCP 的信息
udp	mib-2 7	关于 UDP 的信息
egp	mib-2 8	关于 EGP 的信息
cmot	mib-2 9	为 CMIP over TCP/IP
transmission	mib-2 10	关于传输介质的管理信息
snmp	mib-2 11	关于 SNMP 的信息

第五节 远程网络监视 RMON

一、RMON 的基本概念

1. 远程网络监视的目标

离线操作：必要时管理站可以停止对监控器轮询，有限的轮询可以节省网络带宽和通信费用。即使不受管理站查询，监视器也要持续不断地收集子网故障、性能和配置方面的信息。统计和积累数据，以便管理站查询时及时提供管理信息。另外，在网络出现异常情况时监视器要及时报告管理站。

主动监视：如果监视器有足够的资源，通信负载也允许，监视器可以连续地或周期地运行诊断程序，获得并记录网络性能参数。在子网出现失效时通知管理站，给管理站提供有用的诊断故障信息。

问题检测和报告：如果主动监视消耗网络资源太多，监视器也可以被动地获取网络数据。可以配置监视器，使其连续观察网络资源的消耗情况，记录随时出现的异常条件（例如网络拥挤），并在出现错误条件时通知管理站。

提供增值数据：监视器可以分析收集到的子网数据，从而减轻管理站的计算任务。例如监视器可以分析子网的通信情况，计算出哪些主机通信最多，哪些主机出错最多等。这些数据的收集和计算由监视器来做，比由远处的管理站来做更有效。

多管理站操作：一个互联网可能有多个管理站，这样可以提高可靠性，或者实现各种不同的管理功能。监视器可以配置为能够并发地工作，为不同的管理站提供不同的信息。不是每一个监视器都能实现所有这些目标，但是 RMON 规范提供了实现这些目标的基础结构。

2. 表管理原理

在 SNMPv1 管理框架中，对表操作的规定是很不完善的，至少增加和删除表行的操作是不明确的。这种模糊性常常是读者提问的焦点和用户抱怨的根源。RMON 规范包含一组文字约定和过程化规则，在不修改、不违反 SNMP 管理框架的前提下提供了明晰而规律的行增加和行删除操作。

3. 多管理站访问

RMON 监视器应允许多个管理站并发地访问，当多个管理站访问时可能出现以下问题。

(1) 多个管理站对资源的并发访问可能超过监视器的能力。

(2) 一个管理站可能长时间占用监视器资源，使得其他站得不到访问。

(3) 占用监视器资源的管理站可能崩溃，却没有释放资源。

RMON 控制表中的列对象 Owner 规定了表行的所属关系，所属关系有以下用法，可以解决多个管理站并发地访问的问题。

(1) 管理站能识别自己所属的资源，也知道自己不再需要的资源。

(2) 网络操作员可以知道管理站占有的资源，并决定是否释放这些资源。

(3) 一个被授权的网络操作员可以单方面地决定其他操作员是否保有资源。

(4) 如果管理站经过了重启动过程，它应该首先释放不再使用的资源。

RMON规范建议,所属标志应包括IP地址,管理站名,网络管理员的名字、地点和电话号码等。所属标志不能作为口令或访问控制机制使用。在SNMP管理框架中唯一的访问控制机制是SNMP视阈和团体名。如果一个可读/写的RMON控制表出现在某些管理站的视阈中,则这些管理站都可以进行读/写访问。但是控制表行只能由其所有者改变或删除,其他管理站只能进行读访问。这些限制的实施已超出了SNMP和RMON的范围。

为了提供共享的功能,监视器通常配置一定的默认功能。定义这些功能的控制行的所有者是监视器,所属标志的字符串以监视器名打头,管理站只能以只读方式利用这些功能。

二、RMON的管理信息库

RMON规范定义了管理站信息库RMON MIB,它是MIB-2下面的16个子树。RMON MIB分为10组,存储在每一组中的信息都是监视器从一个或几个子网中统计和收集的。这10个功能组都是任选的,但实现时有下列连带关系。

(1)实现警报组时必须实现事件组。
(2)实现最高N台主机组时必须实现主机组。
(3)实现捕获组时必须实现过滤组。

三、RMON2的管理信息库

1. RMON2 MIB的组成

RMON2监视OSI/RM第三到第七层的通信,并且能够对数据链路层以上的分组进行译码。这使得监视器可以管理网络层协议,包括IP协议,因而能了解分组的源和目标地址,能知道路由器负载的来源,使得监视的范围扩大到局域网之外。监视器也能监视应用层协议,例如电子邮件协议、文件传输协议、HTTP协议等,这样监视器就可以记录主机应用活动的数据,可以显示各种应用活动的图表。这些对网络管理人员都是很重要的信息。另外,在网络管理标准中,通常把网络层之上的协议都叫做应用层协议,以后提到的应用层包含OSI的五、六、七层。

2. RMON2增加的功能

RMON2引入了两种与对象索引有关的新功能,增加了RMON2的能力和灵活性。

3. 检索表对象

RMON2新功能的应用,主要是网络协议的表示方法,用户历史的定义方法和监视器的标准配置方法等。

第三章　综合布线基础知识

建筑物综合布线系统(Premises Distribution System, PDS)的兴起与发展,是在计算机技术和通信技术发展的基础上进一步适应社会信息化和经济国际化的需要,也是办公自动化进一步发展的结果。它也是建筑技术与信息技术相结合的产物,是计算机网络工程的基础。

在信息社会中,一个现代化的大楼内,除了具有电话、传真、空调、消防、动力电线、照明电线外,计算机网络线路也是不可缺少的。布线系统的对象是建筑物或楼宇内的传输网络,以使话音和数据通信设备、交换设备和其他信息管理系统彼此相连,并使这些设备与外部通信网络连接。它包含着建筑物内部和外部线路(网络线路、电话局线路)间的民用电缆及相关设备的连接措施。布线系统是由许多部件组成的,主要有传输介质、线路管理硬件、连接器、插座、插头、适配器、传输电子线路、电气保护设施等,并由这些部件来构造各种子系统。

随着Internet网络和信息高速公路的发展,各国的政府机关、大的集团公司也都在针对自己的楼宇特点,进行综合布线,以适应新的需要。建智能化大厦、智能化小区已成为新世纪的开发热点。理想的布线系统表现为支持语音应用、数据传输、影像影视,而且最终能支持综合型的应用。由于综合型的语音和数据传输的网络布线系统选用的线材、传输介质是多样的(如屏蔽、非屏蔽双绞线,光缆等),一般单位可根据自己的特点,选择布线结构和线材,建设布线系统,目前被划分为以下六个子系统。

(1)工作区子系统。
(2)水平干线子系统。
(3)管理间子系统。
(4)垂直干线子系统。
(5)楼宇(建筑群)子系统。
(6)设备间子系统。

大楼的综合布线系统是将各种不同组成部分构成一个有机的整体,而不是像传统的布线那样自成体系、互不联系。综合布线系统结构如图3-1所示。

目前综合布线系统标准一般以CECS92∶97和美国电子工业协会、美国电信工业协会的EIA/TIA为综合布线系统制定的一系列标准。这些标准主要有下列几种。

(1)EIA/TLA—568民用建筑线缆标准。
(2)EIA/TIA—569民用建筑通信通道和空间标准。
(3)EIA/TIA—×××民用建筑中有关通信接地标准。
(4)EIA/TIA—×××民用建筑通信管理标准。

这些标准支持下列计算机网络标准。

(1)IEE802.3总线局域网络标准。
(2)IEE802.5环形局域网络标准。

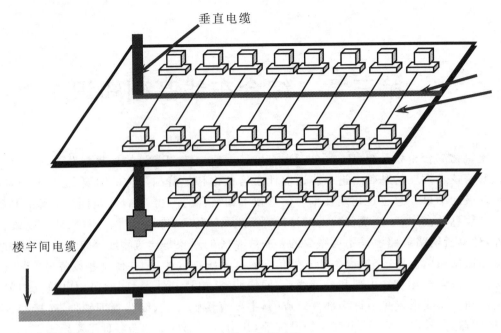

图 3-1 综合布线系统

(3) FDDI 光纤分布数据接口高速网络标准。
(4) CDDI 铜线分布数据接口高速网络标准。
(5) ATM 异步传输模式。

传统的电话线布线系统也称为"户线工程",由于该系统主要用于传输语音信号和窄带数据信号,一般采用一对铜线实现长距离传输,距离可以达到 3~5km。这种布线可以从片区机房敷设大对数铜缆到社区,一个社区根据大小设置几个分接点,从分接点到楼单元设配线盒,如果有用户报装电话,则从配线盒直接引线入户,这种布线工程具有施工简单、对施工工艺要求不高,可以长距离传输的特点。

智能建筑布线又称为综合布线,它由一个系统集成中心通过综合布线系统将办公自动化系统、通信自动化系统和电力、消防、保安、照明、空调等安保监控自动化系统结合起来,达到信息化管理的目的。这种布线工程一般在一幢或几幢办公楼实施,具有信息点多样化、单位面积信息点密集(2 个信息点/$10m^2$)、传输带宽要求高的特点。

社区以太网布线采用星形结构,通过"光纤+五类线"的方式,一般在几幢或几十幢住宅楼实施,为用户提供高速宽带接口。社区以太网布线具有五类线传输距离短(只有 100m)、施工工艺要求高等特点,与综合布线相比,社区以太网布线信息点单一,单位面积信息点少,线路环境差,但是以太网接入技术非常成熟,标准化高,平均端口成本低,带宽高,用户端设备成本低,是目前的布线热点。

第一节 物理介质

一、光纤

在我们平时维护过程中,会接触到光纤跳线,它由一个铁盒上接出来,通过光电转换设备(即光纤收发器)接到交换机,从而接通校园网络。

1. 光纤的特点

光纤是利用光波来进行数据传输的介质,其特点是速度快、距离远(由几百米至几十千米),带宽高(通常都是100M或1000M),而且不受电场影响,不导电,不会被雷击,一般用于楼栋外的线路连接。

2. 光纤的类型及传输距离

根据光的传输方式和距离的不同,光纤可分为多模光纤和单模光纤,其传输距离如表3-1所示。

表 3-1 光纤传输距离表

项目	多模光纤		单模光纤	
带宽	100M	1000M	100M	1000M
传输距离	0~2km	0.3~0.4km	25~50km	20~60km

3. 光纤的辨认

通常,我们可以通过光纤的颜色直观地分辨单、多模光纤。黄色的光纤为单模光纤,红色的光纤为多模光纤。

4. 光纤的接口类型

光纤的接口类型多种多样,比如电信常用的FC、MTRJ,以前大量使用的ST、SC及目前开始逐渐流行的LC等接口。在一般的校园网里,基本上使用的都是SC、ST及LC接口的光纤。SC接口的外观为方形,如图3-2所示;ST接口的外观为圆形,如图3-3所示。

图 3-2 SC 接口

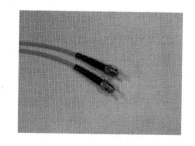

图 3-3 ST 接口

二、双绞线

双绞线是一种相对廉价的传输介质,主要以铜为材料。

1. 双绞线的特点及使用范围

由于双绞线易受雷击,且具有导电的性质,因此只是使用在一栋大楼内。同时,双绞线易受到电气影响,因此在布线的时候要与弱电隔开一定的距离。

一根双绞线内有八条铜丝,两两按特定的角度缠绕在一起,由此称之为双绞线。缠绕在一起的两根铜丝中,有一条为数据线,另一条为地线,用以屏蔽外界的磁场干扰。

按照国际标准,一根双绞线的长度不能超过100m,否则,会因为衰减过大而导致网络不可用。

2. 双绞线的分类

双绞线共有三类、四类、五类、超五类、六类等多种类型,目前技术最成熟、使用最广泛的是超五类的双绞线,且大量地安装在主干网上。在100m距离内,超五类双绞线可以达到100M的传输速率,而在短距离内(不超过5m),可以达到1000M的传输速率。

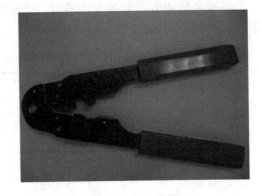

图3-4 压线钳

双绞线的类型,可以通过线缆上标注的信息查得,如"CAT 5E"表示超五类,"CAT 5"表示五类线。

压线钳是制作水晶头的工具,如图3-4所示。

压线钳包括两个部分:一个是用于剪断线缆的刀,在将双绞线的线序整理好后,需要用到它将多余的线剪掉,另外,也可以用来剥双绞线的外皮;一个是用于压制水晶头的卡口,它有一个锯齿状的活动头,与水晶头上的八个金属切片一一吻合。

压制水晶头时,卡口上的锯齿将水晶头上的金属切片压入线缆,与铜丝接触。在这个"压"的过程中,要注意用力均匀,力度适中,以免因用力过小而导致金属切片接触不到铜丝,或因用力过大导致金属切片被压坏。

三、测线仪

测线仪是测试双绞线线序及连通性的工具,如图3-5所示。

测线仪分为两个部分:一部分称为主机,可以按顺序主动发出信号;另一部分称为副机,只能被动接受主机发出的信号。

主机上有卡扣,可以和副机卡在一起以方便携带,也可以将主机和副机拆离,测试已布好的线缆。

1. 主机部分的使用

主机可以单独使用,以检测线缆对端是否接有设备,并对设备进行简单的判断,具体如下。

将线缆一端的水晶头插入主机上的接口,打开电源开关,主机开始发出信号。

图 3-5 测线仪

若八个信号灯全部或部分灯闪亮,则说明线缆对端已接上带电的网络设备,其中分为以下情况。

(1)若八个信号灯全部按顺序闪亮,则对端设备可能是交换机或 100MB 网卡。

(2)若八个信号灯只有 1、2、3、6 灯按顺序闪亮,则对端设备为 10MB 的集线器。

若八个信号灯都不闪亮,则说明对端未接入设备;或对端设备未上电;或对端设备已上电,但接口损坏,这时就需要使用副机寻找或测试线缆的另一端。

2. 主机与副机的使用

之前已经介绍过,副机是一个被动的接收设备,它只有配合主机一起使用才能发挥它的功能。

主、副机一起使用可以实现两个功能:一是检查线缆的连通性及线序的正确性;二是在一堆未打标识的线缆中找出我们需要的线缆。

1)检查线缆的连通性及线序的正确性

在做完水晶头的时候,或检查已使用的线缆是否出了问题的时候,都需要利用测线仪对水晶头和线缆进行测试,具体如下。

将线缆两端的水晶头分别接在测线仪主、副机的接口上,打开电源开关,观察主副机上信号灯的情况。

(1)若两个水晶头都是按照 T568-A 或 T568-B 的标准制作的,则主、副机上的信号灯应一致。但需要注意的一点是,主、副机上的信号一致,并不代表水晶头是按照标准制作,有可能导致使用网络带宽不足(如 100MB 的网卡却因线缆的接口问题当成 10MB 网卡使用)或造成丢包。另外,线缆的质量不好也会造成网络速度慢或丢包,需要学生网管自己作出判断。

(2)若两个水晶头一个是按照 T568-A 标准制作,另一个按照 T568-B 标准制作,则当主机的信号灯按顺序闪亮时,副机上应按照 3、6、1、4、5、2、7、8 的顺序闪亮,即两个水晶头第 1 和第 3 根线掉转,第 2 和第 6 根线掉转。

(3)当主机的信号灯按顺序闪亮时,副机上信号灯的闪亮次序毫无规律可言,则意味着两个水晶头有一个或两个未按国际标准制作,这时应将两个水晶头重新按照 T568-A 或 T568-B的标准制作。

2)寻找线缆

根据测线仪的功能,我们可以很方便地利用它来找出我们寻找的线缆,方法如下。

(1)将线缆一端的水晶头接在主机上。

(2)在线缆另一端,使用副机逐个检查每条线缆的水晶头,直到副机的信号灯闪亮,则该线缆即为我们寻找的线缆。

> **小提示:**
> (1)寻找线缆时,主机一般放在离用户近的一端。
> (2)在寻找线缆时,若一端接在交换机上,且很多根网线都没有打好标识,则优先将无信号的线缆(交换机上与端口对应的信号灯不亮)拔下来检查,并在检查后恢复原状。

四、耦合器

耦合器是用于光纤的设备,我们经常看到接光纤的盒子上有一些圆圆的接头,那些就是耦合器。根据光纤接口的不同,耦合器可以分为 SC 耦合器和 ST 耦合器两种,如图 3-6 和图 3-7 所示。

图 3-6 SC 耦合器

图 3-7 ST 耦合器

通常,我们使用耦合器做两件事情:一是进行光纤接口的转换;一是用于判断光纤设备的状况。

1. 进行光纤接口的转换

在学校的网络结构中,每一栋楼都有一个主交换机,楼栋内的信息点都汇聚到这个交换机上,再通过光纤与上一层设备连接。

在交换机与光纤之间有一个光电转换设备,这个光电转换设备上的光纤接口有的是 ST 类型,有的是 SC 类型,而光纤上的接口也有 ST 和 SC 两种类型。

根据两端的接口类型,可以选择使用 ST-ST、SC-ST 或 SC-SC 的光纤跳线,但当光纤是直接从光纤盒引出来,且光纤接口与光电转换设备上的光纤接口类型不匹配时,就需要使用耦合器进行光纤接口的转换,具体如下。

(1)根据光纤的接口选择相应的耦合器。如光纤是 ST 口的,就需要使用 ST 接口的耦合器;如光纤是 SC 口的,就需要使用 SC 接口的耦合器。

(2)将耦合器与光纤接起来。注意:光纤头上有一个小凸起,而耦合器上有一条缝,接光纤时要将光纤头上的小凸起对准耦合器上的缝插入,这样才能将光纤头固定好。若是 ST 的耦合器,则需要在光纤头插入后再转动光纤头上的铁环,使之与耦合器卡紧。

(3)使用 ST-SC 的光纤跳线将光纤与光电转换设备连接起来。

2.判断光纤设备的状况

光纤设备包括主干光纤、光纤跳线和光电转换设备,使用耦合器可以对这些设备的状况进行判断,具体如下。

1)检查光电转换设备

我们知道,光纤是一对一使用的,而利用光纤进行信号传输的设备都是以全双工的方式工作,即一根光纤用于发送信号,一根光纤用于接收信号。

利用这个特点,当我们将光电转换设备发出来的信号传输到它的接收口时,就可以通过观察光电转换设备上的状态指示灯知道这个设备是否工作正常。正常情况下,光电转换设备应指示出它接收到了信号。

而如何将光电转换设备发出来的信号传输到它的接收口呢?我们可以用一条光纤接在光电转换设备的两个接口上,也可以利用耦合器将两条光纤对接起来(这里提到的两种做法都可以称为将光纤"环"起来,或称为"做一个环"),当然,这样做的前提是保证光纤跳线是良好可工作的。

2)检查光纤跳线

与检查光电转换设备一样,在保证光电转换设备良好可工作的前提下,将光纤环起来,就可以检查这对光纤跳线是否是好的,是否可以使用。

3)检查主干光纤

与前面的思路一致,在保证光纤跳线和光电转换设备都是良好可工作的前提下,将光纤环起来,再通过观察光电转换设备是否有信号来判断主干光纤的好坏。

由于主干光纤的两端距离通常都比较远,因此做这个工作的时候一般需要有人协助。

五、信息模块

信息模块将双绞线固定在墙上,起到美观、大方、整洁的作用,如图 3-8 所示。

信息模块由面板和接口模块组成,面板只是起到装饰的作用,接口模块则是最主要的材料,它的质量会大大影响网络的传输质量。

一般来说,接口模块上都有清晰的指示,以方便我们按照 T568-A 或 T568-B 的标准制作,如图 3-9 所示。

制作接口模块是很简单的,按照图示将相应颜色的线放到位置后,使用专用的压线钳将线压下去,再将多余的线剪去即可,步骤如下。

(1)以制作 T568-B 的接口为例,按图 3-10 所示接好线缆。

(2)使用压线钳将线压下去,如图 3-11 所示。

(3)使用压线钳在多余的线缆处压一个小口,再轻轻将多余的线缆拔掉,如图 3-12 所示。

图3-8 信息模块

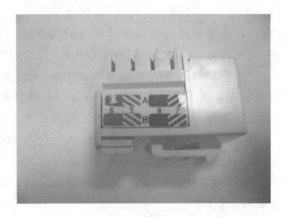
图3-9 接口模块

图3-10 接线

图3-11 压线

(4)合上保护盖,接口模块制作完成,如图3-13所示。

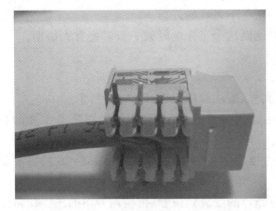
图3-12 拔掉多余的线

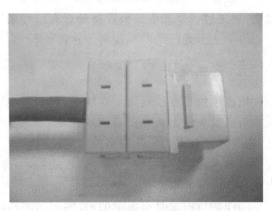
图3-13 合上保护盖

六、水晶头及其国际标准

双绞线使用的是 RJ45 水晶头。在国际标准中,水晶头的做法有两个标准:T568-A 和 T568-B。

T568-A 线序:绿白,绿,橙白,蓝,蓝白,橙,棕白,棕;T568-B 线序:橙白,橙,绿白,蓝,蓝白,绿,棕色,棕。T568-A 和 T568-B 这两个标准用于制作直通线和交叉线。

直通线的两头都按 T568-B 线序,或两头都按 T568-A 线序。而交叉线的一头按 T568-A 线序,一头按 T568-B 线序。

在不对等设备的连接中(比如 PC 接交换机),使用的是直通线;在对等设备中(比如 PC 接 PC),需要使用交叉线。

第二节 常用的物理参数

一、MHz 和 Mbps

我们在布线过程中经常会碰到这样的问题:我计划部署千兆以太网,六类线才到 250M,布线工程师却说超五类线就行,可是五类线是 100M,这是怎么回事呢?

这里我们要澄清一下两个物理概念:Mbps 和 MHz。

Mbps:数据速率,描述系统的吞吐量,属于数据链路层。

MHz:频率的单位,电气信号的描述,属于物理介质层。

传输带宽一般指的是设备和传输介质所能提供的频率范围的特性。

通道/信道的信息传输能力 Mbps 由下列因素决定。

(1)可以提供的物理带宽 MHz。

(2)信号编码能力。

(3)解码能力。

(4)抗干扰能力。

二、信号与编码

数据在网络上以数字信号方式传输,采用不同的编码方式进行调制。

编码方式有很多种(具体原理可以参考通信原理等课程),常见的有 NRZ、曼彻斯特编码、差分曼彻斯特编码、4B-5B 编码等。

例如:100Base-Tx

100=100Mbps

Base=基带传输(Base band)

T=双绞线(Twisted Pair)

两对线系统:一对发送,另一对接收。

4B-5B 编码:16 进制编码至 5 比特码,额外的码用于:①帧定界;②接收同步和空闲;③非法码。初始信号速率 125M 个符号/s。

三、常见的几种物理标准参数

下面简单介绍几类线缆的标准和基本参数,性能指标如表3-2所示。

IEEE802.3z:光介质 GE。

1000Base-LX(长波长),多模550m,单模2500m。

1000Base-SX(短波长),多模$62.5\mu m$至220m,单模$50\mu m$至300m。

IEEE802.3ab:

1000Base-T,五类线最大通道长度为100m的GE。

1000Base-T标准:

(1)GE在五类双绞线上运行。

(2)使用全部4对线,以全双工的模式运行。

(3)使用NEXT消除技术。

(4)最大带宽要求为100MHz。

(5)对现有五类布线系统要增加新的认证测试参数。

(6)4线对系统(全双工)。

(7)4级编码(PAM-5)。

(8)每个信号电平代表2比特。

(9)每秒发送125M符号。

(10)与100Base-Tx符号速率相同。

(11)降低噪声的干扰。

(12)每对线支持250Mbps的数据速率(每个方向)。

表3-2 各类线缆的标准性能参数对照表

类型	数据速率	线对	最大信号频率
10Base-T	10Mbps	2	10MHz
100Base-T4	100Mbps	4	15MHz
100Base-Tx	100Mbps	2	80MHz
100VG-AnyLAN	100Mbps	4	15MHz
ATM-155	155Mbps	2	100MHz
1000Base-T	1000Mbps	4	100MHz
1000Base-Tx	1000Mbps	4	250MHz
10G以太网	10Gbps	4	625MHz

基于双绞线的千兆以太网:

1)1000Base-T

(1)4对线全都使用。

(2)全双工运行网络设备需要串扰/回声消除技术。

(3)超五类及更高的布线系统都可以支持。
2)1000Base-Tx
(1)2对线接收,2对线发送。
(2)网络设备无需回声消除技术。
(3)只有六类或更高的布线系统才能支持。

第四章 交换机的工作原理与基本配置

第一节 交换机基本知识

交换机(Switch)是工作在数据链路层的网络互连设备。交换机的种类很多,如以太网交换机、FDDI 交换机、帧中继交换机、ATM 交换机和令牌环交换机等。目前市场上以太网交换机的使用最为普遍。

一、以太网交换机工作原理

典型的交换机结构与工作过程如图 4-1 所示,图中的交换机有六个端口,其中端口 1、3、4、5、6 分别连接了节点 A、B、C,节点 D 和节点 E。于是交换机"端口/MAC 地址映射表"就可以根据以上端口与节点 MAC 地址的对应关系建立起来。节点 A 需要向节点 D 发送信息时,节点 A 首先将目的 MAC 地址指向节点 D 的帧发往交换机端口 1。交换机接收该帧,并在检测到其目的 MAC 地址后,在交换机的"端口/MAC 地址映射表"中查找节点 D 所连接的端口号。一旦查到节点 D 所连接的端口号 5,交换机将在端口 1 与端口 5 之间建立连接,将信息转发到端口 5。

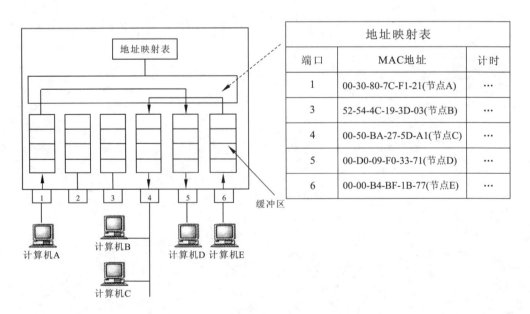

图 4-1 交换机的结构与工作过程

与此同时，节点 E 需要向节点 C 发送信息。于是交换机的端口 6 与端口 4 也建立一条连接，并将端口 6 接收到的信息转发至端口 4。

这样，交换机在端口 1 至端口 5 和端口 6 至端口 4 之间建立了两条并发的连接。节点 A 和节点 E 可以同时发送信息，节点 D 和节点 C 可以同时接收信息。根据需要，交换机的各端口之间可以建立多条并发连接。交换机利用这些并发连接，对通过交换机的数据信息进行转发和交换。

二、交换机数据转发方式

以太网交换机的数据交换与转发方式可以分为直接交换、存储转发交换和改进的直接交换（碎片隔离）三类。

1. 直接交换

在直接交换方式中，交换机边接收边检测，一旦检测到目的地址字段，就立即将该数据转发出去，而不管这一数据是否出错，出错检测任务由节点主机完成。这种交换方式的优点是交换延迟时间短，缺点是缺乏差错检测能力，不支持不同输入/输出速率的端口之间的数据转发。

2. 存储转发交换

在存储转发方式中，交换机首先要完整地接收站点发送的数据，并对数据进行差错检测。如接收数据是正确的，再根据目的地址确定输出端口号，将数据转发出去。这种交换方式的优点是具有差错检测能力，并能支持不同输入/输出速率端口之间的数据转发，缺点是交换延迟时间相对较长。

3. 改进的直接交换（碎片隔离）

改进的直接交换方式将直接交换与存储转发交换结合起来，它通过过滤掉无效的碎片帧来降低交换机直接交换错误帧的概率。在以太网的运行过程中，一旦发生冲突，就要停止帧的继续发送并加入帧冲突的加强信号，形成冲突帧或碎片帧。碎片帧的长度必然小于 64B，在改进的直接交换模式中，只转发那些帧长度大于 64B 的帧，任何长度小于 64B 的帧都会被立即丢弃。显然，无碎片交换的延时要比快速转发交换方式大，但它的传输可靠性得到了提高。

三、交换机的分类

交换机的分类方法有很多种，按照不同的原则，交换机可以分成各种不同的类别。首先，从广义上来说，可以分为广域网交换机和局域网交换机；其次，按照采用的网络技术不同，可以分为以太网交换机、ATM 交换机、程控交换机等。在本章中，我们讨论的交换机特指在局域网中所使用的以太网交换机，这些交换机也是我们在日后的工作中接触得最多的一类交换机。

1. 按照 OSI 七层模型来划分

按照网络 OSI 七层模型来划分，可以将交换机划分为二层交换机、三层交换机、四层交换机直到七层交换机。

1）二层交换机

二层交换机是按照 MAC 地址进行数据帧的过滤和转发，这种交换机是目前最常见的交换机。不论是在教材中还是在市场中，如果没有特别指明的话，说到交换机我们一般都特指二层交换机。二层交换机的应用范围非常广，在任何一个企业网络或者校园网络中，二层交换机的数量应该是最多的,二层交换机以其稳定的工作能力和优惠的价格在网络行业中具有重要的地位。

2)三层交换机

三层交换机采用"一次路由,多次交换"的原理,基于 IP 地址转发数据包。部分三层交换机也具有四层交换机的一些功能,譬如依据端口号进行转发。

三层交换机的意义:

(1)网络骨干少不了三层交换。

三层交换机在诸多网络设备中的作用,用"中流砥柱"形容并不为过。在校园网、教育城域网中,从骨干网、城域网骨干、汇聚层都有三层交换机的用武之地,尤其是核心骨干网中一定要用三层交换机,否则整个网络成千上万台的计算机都在一个子网中,不仅毫无安全可言,也会因为无法分割广播域而无法隔离广播风暴。如果采用传统的路由器,虽然可以隔离广播,但是性能又得不到保障。而三层交换机的性能非常高,既有三层路由的功能,又具有二层交换的网络速度。二层交换是基于 MAC 寻址,三层交换则是转发基于第三层地址的业务流;除了必要的路由决定过程外,大部分数据转发过程由二层交换处理,提高了数据包转发的效率。

三层交换机通过使用硬件交换机构实现了 IP 的路由功能,其优化的路由软件使得路由过程效率提高,解决了传统路由器软件路由的速度问题。因此可以说,三层交换机具有"路由器的功能、交换机的性能"。

(2)连接子网少不了三层交换。

同一网络上的计算机如果超过一定数量(通常在 200 台左右),就很可能会因为网络上大量的广播而导致网络传输效率低下。为了避免在大型交换机上进行广播所引起的广播风暴,可将其进一步划分为多个虚拟网(VLAN)。但是这样会导致一个问题:VLAN 之间的通信必须通过路由器来实现。但是传统路由器难以胜任 VLAN 之间的通信任务,因为相对于局域网的网络流量来说,传统的普通路由器路由能力太弱。

千兆级路由器的价格也是非常难以接受的。如果使用三层交换机上的千兆端口或百兆端口连接不同的子网或 VLAN,就能在保持性能的前提下,经济地解决了子网划分之后子网之间必须依赖路由器进行通信的问题,因此三层交换机是连接子网的理想设备。

3)多层交换机

四层交换机以及四层以上的交换机都可以称为内容型交换机,原理与三层交换机很类似,一般使用在大型的网络数据中心。

2.按照网络设计三层模型来划分

按照网络设计三层模型来划分,可以将交换机划分为核心层交换机、汇聚层交换机和接入层交换机。

1)核心层交换机

核心层对于网络中每一个目的地具有充分的可达性,它是网络所有流量的最终承受者和汇聚者,可靠性和高速是核心层设备选择的关键。核心层的中心任务是高速的数据交换,不要在核心层执行任何网络策略,使核心层设备成为专门交换数据包的设备,避免处理任何降低核心层处理能力或是增加数据包延迟时间的任务,如过滤和策略路由。避免核心层设备配置复杂,因为它可能导致整个网络瘫痪。只有在特殊的情况下,才可以将策略放在核心层或者核心层和汇聚层之间。

核心层交换机一般都是三层交换机或者三层以上的交换机,采用机箱式的外观,具有很多冗余的部件。

2) 汇聚层交换机

汇聚层把大量的来自接入层的访问路径进行汇聚和集中,在核心层和接入层之间提供协议转换和带宽管理。

汇聚层的交换机原则上既可以选用三层交换机,也可以选择二层交换机。这要视投资和核心层交换能力而定,同时最终用户发出的流量也将影响汇聚层交换机的选择。

如果选择三层交换机,则可以大大减轻核心层交换机的路由压力,有效地进行路由流量的均衡;如果汇聚层仅选择二层设备,则核心层交换机的路由压力加大,我们需要在核心层交换机上加大投资,选择稳定、可靠、性能高的设备。

建议在汇聚层选择性能价格比高的设备,同时功能和性能都不应太低。作为本地网络的逻辑核心,如果本地的应用复杂、流量大,应该选择高性能的交换机。

目前大部分汇聚层交换机也都是三层交换机或者三层以上的交换机,采用机箱式的外观或者机架式外观。

3) 接入层交换机

接入层是最终用户与网络的接口,它应该提供较高的端口密度和即插即用的特性,同时应该便于管理和维护。

接入层交换机没有太多的限制;但是接入层交换机对环境的适应力一定要强。有很多接入的交换机都放置在楼道中,不可能为每一个设备都提供一个通风良好、防外界电磁干扰、条件优良的设备间。所以接入层的设备还需要对恶劣环境有很好的抵抗力,不需要太多的功能,在端口满足的情况下,稳定就好。一般情况下,接入层交换机都会是二层交换机,采用机架式的外观。

3. 按照外观进行分类

按照外观和架构的特点,可以将局域网交换机划分为机箱式交换机、机架式交换机、桌面型交换机。

1) 机箱式交换机

机箱式交换机外观比较庞大,这种交换机所有的部件都是可插拔的部件(一般称之为模块),灵活性非常好。在实际的组网中,可以根据网络的要求选择不同的模块。机箱式交换机一般都是三层交换机或者多层交换机,在网络设计中,由于机箱式交换机性能和稳定性都比较卓越,因此价格比较昂贵,一般定位在核心层交换机或者汇聚层交换机。

2) 机架式交换机

机架式交换机顾名思义就是可以放置在标准机柜中的交换机,机架式交换机中有些交换机不仅仅固定了24个或者48个RJ45的网口,另外还有一个或两个扩展插槽,可以插入上联模块,用于上联千兆或者百兆的光纤,我们称之为带扩展插槽机架式交换机;另外一种不带扩展插槽,称之为无扩展插槽机架式交换机。

机架式交换机可以是二层交换机也可以是三层交换机,一般会作为汇聚层交换机或者接入层交换机使用,不会作为核心层交换机。

3) 桌面型交换机

桌面型交换机不具备标准的尺寸,一般体形较小,因可以放置在光滑、平整、安全的桌面上而得名。桌面型交换机一般具有功率较小、性能较低、噪音低的特点，适用于小型网络桌面办公或家庭网络。桌面交换机一般都是二层交换机，作为接入层交换机使用。

4．按照传输速率不同来划分

按照交换机支持的最大传输速率的不同来划分，可以将交换机划分成10M交换机、100M交换机、1000M交换机以及10G交换机。一般传输速率较高的交换机都会兼容低速率交换机。譬如：万兆交换机一般也都供应千兆的网络接口模块，而千兆交换机也支持百兆的模块，百兆的交换机一般都是10M/100M自适应的交换机。

从应用层面上来讲，万兆交换机当之无愧应当是核心层交换机，千兆交换机也可以用于核心层；汇聚层可以使用千兆或者百兆交换机；接入层使用百兆或者十兆交换机。

5．按照是否可以网络管理来划分

按照交换机的可管理性，又可把交换机分为可网管交换机（又称为智能交换机）和不可网管交换机，它们的区别在于对SNMP、RMON等网管协议的支持。可网管交换机便于网络监控、流量分析，但成本也相对较高。大中型网络在汇聚层应该选择可网管交换机，在接入层则视应用需要而定，核心层交换机则全部是可网管交换机。

6．按照是否可以进行堆叠来划分

按照交换机是否可堆叠，交换机又可分为可堆叠交换机和不可堆叠交换机两种。设计堆叠技术的一个主要目的是为了增加端口密度，便于管理。

可堆叠交换机一般都是二层交换机，定位于网络接入层，并且应该都是可网管的交换机。

堆叠技术是目前在以太网交换机上扩展端口使用较多的另一类技术，是一种非标准化技术。各个厂商之间不支持混合堆叠，堆叠模式为各厂商制定，不支持拓扑结构。目前流行的堆叠模式主要有两种：菊花链模式和星型模式。堆叠技术的最大优点就是提供简化的本地管理，将一组交换机作为一个对象来管理。堆叠与级联不同，级联通常是用普通网线把几个交换机连接起来，使用普通的网口或Uplink口，级联层次较多时，将出现一定的时延。

菊花链式堆叠是一种基于级联结构的堆叠技术，对交换机硬件没有特殊的要求，通过相对高速的端口串接和软件的支持，最终实现构建一个多交换机的层叠结构，通过环路，可以在一定程度上实现冗余。但是，就交换效率来说，同级联模式处于同一层次。菊花链式堆叠又可以分为使用一个高速端口和使用两个高速端口的模式，分别称为单链菊花链式堆叠和双链菊花链式堆叠。

堆叠技术是一种集中管理的端口扩展技术，没有国际标准且兼容性较差。但是，在需要大量端口的单节点局域网，堆叠可以提供比较优秀的转发性能和方便的管理特性。堆叠使用的场所就是需要端口数量很多，并且局限在某个区域内。一般来说，接入层设备使用的堆叠技术较多。

交换机分类的方法多种多样，上文描述的是几种主要的方法。一款交换机在不同原则的分类制下可以隶属多个类别，分类不是重点，重点是明白该款交换机的功能特性，适用于什么样的场合。

四、交换机的基本功能

二层交换机有三项主要功能：地址学习、转发/过滤数据帧、防范环路。

1. 地址学习

以太网交换机利用"端口/MAC 地址映射表"进行信息的交换,因此,端口/MAC 地址映射表的建立和维护显得相当重要。一旦地址映射表出现问题,就可能造成信息转发错误。那么,交换机中的地址映射表是怎样建立和维护的呢?

这里有两个问题需要解决,一是交换机如何知道哪台计算机连接到哪个端口;二是当计算机在交换机的端口之间移动时,交换机如何维护地址映射表。显然,通过人工建立交换机的地址映射表是不切实际的,交换机应该自动建立地址映射表。

通常,以太网交换机利用"地址学习"法来动态建立和维护端口/MAC 地址映射表。以太网交换机的地址学习是通过读取帧的源地址并记录帧进入交换机的端口进行的。当得到 MAC 地址与端口的对应关系后,交换机将检查地址映射表中是否已经存在该对应关系。如果不存在,交换机就将该对应关系添加到地址映射表;如果已经存在,交换机将更新该表项。因此,在以太网交换机中,地址是动态学习的。只要这个节点发送信息,交换机就能捕获到它的 MAC 地址与其所在端口的对应关系。

在每次添加或更新地址映射表的表项时,添加或更改的表项被赋予一个计时器,这使得该端口与 MAC 地址的对应关系能够存储一段时间。如果在计时器溢出之前没有再次捕获到该端口与 MAC 地址的对应关系,该表项将被交换机删除。通过移走过时的或老的表项,交换机维护了一个精确且有用的地址映射表。

2. 转发/过滤数据帧

交换机建立起端口/MAC 地址映射表之后,它就可以对通过的信息进行转发/过滤了。以太网交换机在地址学习的同时还检查每个帧,并基于帧中的目的地址作出是否转发或转发到何处的决定。

图 4-2 显示了两个以太网和两台计算机通过以太网交换机相互连接的示意图。通过一段时间的地址学习,交换机形成了图 4-2 所示的端口/MAC 地址映射表。

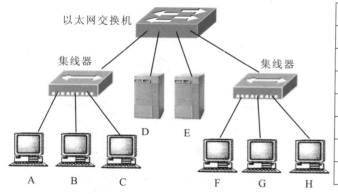

地址映射表		
端口	MAC地址	计时
1	00-30-80-7C-F1-21(A)	…
1	52-54-4C-19-3D-03(B)	…
1	00-50-BA-27-5D-A1(C)	…
2	00-D0-09-F0-33-71(D)	…
4	00-00-B4-BF-1B-77(F)	…
4	00-E0-4C-49-21-25(H)	…

图 4-2 交换机的转发/过滤

假设站点 A 需要向站点 F 发送数据,因为站点 A 通过集线器连接到交换机的端口 1,所以,交换机从端口 1 读入数据,并通过地址映射表决定将该数据转发到哪个端口。在图 4-2 所示的地址映射表中,站点 F 与端口 4 相连,于是,交换机将信息转发到端口 4,不再向端口 1、端口2和端口3转发。

假设站点A需要向站点C发送数据,交换机同样在端口1接收该数据。通过搜索地址映射表,交换机发现站点C与端口1相连,与发送的源站点处于同一端口。遇到这种情况,交换机不再转发,简单地将数据过滤(即丢弃),数据信息被限制在本地流动。

以太网交换机隔离了本地信息,从而避免了网络上不必要的数据流动。这是交换机通信过滤的主要优点,也是它与集线器截然不同的地方。集线器需要在所有端口上重复所有的信号,每个与集线器相连的网段都将听到局域网上的所有信息流;而交换机所连的网段只听到发给他们的信息流,减少了局域网上总的通信负载,因此提供了更多的带宽。但是,如果站点A需要向站点G发送信息,交换机在端口1读取信息后检索地址映射表,结果发现站点G在地址映射表中并不存在。在这种情况下,为了保证信息能够到达正确的目的地,交换机将向除端口1之外的所有端口转发信息。当然,一旦站点G发送信息,交换机就会捕获到它与端口的连接关系,并将得到的结果存储到地址映射表中。

如果站点发送一个广播帧,交换机将把它从除入站端口之外的所有端口转发出去,所有的站点都将会收到广播帧,这就意味着交换型网络中的所有网段都位于同一个广播域中。

3. 防范环路

在交换型网络中,为了提供可靠的网络连接,避免由于单点故障导致整个网络失效的情况发生,就得需要网络提供冗余链路。所谓"冗余链路",道理和走路一样,这条路不通,走另一条路就可以了。冗余就是准备两条以上的通路,如果哪一条不通了,就从另外的路走。但为了提供冗余而创建了多个连接,网络中可能产生交换回路,交换机使用STP(Spanning Tree Protocol,生成树协议)避免环路。

1) 冗余链路的危害

交换机之间具有冗余链路本来是一件很好的事情,但是它可能引起的问题比它能够解决的问题还要多。如果你真的准备两条以上的路,就必然形成了一个环路,交换机并不知道如何处理环路,只是周而复始地转发帧,形成一个"死循环"。最终这个死循环会造成整个网络处于阻塞状态,导致网络瘫痪。

(1) 广播风暴。

如图4-3所示,网络在工作站和服务器之间为了提供冗余链路形成了两条路径,我们分析从工作站到服务器的数据帧发送过程。

① 工作站发送的数据帧到达交换机A和B。

② 当交换机A、B刚刚加电,查询表还没有形成的时候,交换机A、B收到此帧的第一个动作是在查询表中添加一项,将工作站的物理地址分别与交换机A的E1和交换机B的E3对应起来。第二个动作则是将此数据帧

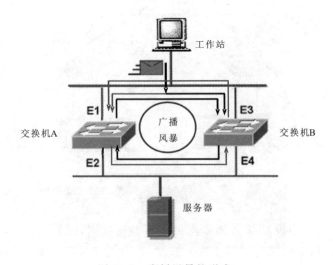

图4-3 广播风暴的形成

原封不动地发送到所有其他端口。

③此数据帧从交换机 A 的 E2 和交换机 B 的 E4 发送到服务器所在网段,服务器可以收到这个数据帧,但同时交换机 B 的 E4 和交换机 A 的 E2 也均会收到另一台交换机发送过来的同一个数据帧。

④如果此时在两台交换机上还没有学习到服务器的物理地址与各自端口的对应关系,则当两台交换机分别在另一个端口收到同样一个数据帧的时候,它们又将重复前一个动作,即先把帧中源地址和接收端口对应,然后发送数据帧给所有其他端口。

⑤这样我们发现在工作站和服务器之间的冗余链路中,由于存在了第二条互通的物理线路,从而造成了同一个数据帧在两点之间的环路内不停地被交换机转发的状况。这种情况造成了网络中广播过多,形成广播风暴,从而导致网络极度拥塞、带宽浪费,严重地影响网络和主机的性能。

(2)MAC 地址系统失效

第二层的交换机和网桥作为交换设备都具有一个相当重要的功能,它们能够记住在一个接口上所收到的每个数据帧的源设备的硬件地址,也就是源 MAC 地址,而且它们会把这个硬件地址信息写到转发/过滤 MAC 地址表中。当在某个接口收到数据帧的时候,交换机就查看其目的硬件地址,并在 MAC 地址表中找到其外出的接口,这个数据帧只会被转发到指定的目的端口。

整个网络开始启动的时候,交换机初次加电,还没有建立 MAC 地址表。

如图 4-4 所示,当工作站发送数据帧到网络的时候,交换机要将数据帧的源 MAC 地址写进 MAC 地址表,然后只能将这个帧扩散到网络中,因为它并不知道目的设备在什么地方。于是交换机 A 的 E1 接口和交换机 B 的 E3 接口都会把工作站发来的数据帧的源 MAC 地址写进各自的 MAC 地址表,交换机 A 用 E1 接口对应工作站的源 MAC,而交换机 B 用 E3 接口对应工作站的源 MAC,同时将数据帧广播到所有的端口。E2 收到该数据帧,也进行扩散,会扩散到 E4 上,交换机 B 收到这个数据帧,也会将数据帧的源 MAC 地址写到自己的 MAC 地址表,这时它发现 MAC 地址表中已经具有了这个源 MAC 地址,但是它会认为值得信赖的是最新发来的消息,它会改写 MAC 地址表,用 E4 对应工作站的源 MAC 地址;同理,交换机 A 也在 E2 接口收到该数据帧,会用 E2 对应工作站的 MAC 地址,改写 MAC 地址表。

数据帧继续上行,交换机 B 的 E3 接口又会从交换机 A 的 E1 接口收到该帧,因此又会用 E3 对应源 MAC;同时,交换机 A 的 E1 接口又会从交换机 B 的 E3 接口收到该帧,因此又会用 E1 对应源 MAC。周而复始,交换机完全被设备的源地址搞糊涂了,它不断用源 MAC 地址更新 MAC 地址表,根本没有时间来转发数据帧了,这种现象我们称之为 MAC 地址系统失效。

2)解决的方法——生成树协议

为了解决冗余链路引起的问题,IEEE 通过了 IEEE802.1d 协议,即生成树协议。生成树协议的基本思想十分简单,众所周知,自然生长的树是不会出现环路的,如果网络也能够像树一样生长就不会出现环路。因此,生成树协议的根本目的是通过定义根桥、根端口、指定端口、路径开销等概念,将一个存在物理环路的交换网络变成一个没有环路的逻辑树形网络,同时实现链路备份和路径最优化。

IEEE802.1d 协议通过在交换机上运行一套复杂的算法 STA(Spanning-Tree Algorithm),使冗余端口置于"阻断状态",使得接入网络的计算机在与其他计算机通信时只有一条

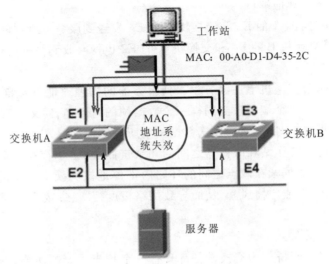

图 4-4 MAC 地址系统失效

链路有效,而当这个链路出现故障无法使用时,IEEE802.1d 协议会重新计算网络链路,将处于"阻断状态"的端口重新打开,从而既保障了网络的正常运转,又保证了冗余能力。

要实现这些功能,网桥之间必须要进行一些信息的交流,这些信息交流单元就称为桥接协议数据单元(Bridge Protocol Data Unit, BPDU)。STP BPDU 是一种二层报文,目的 MAC 是多播地址 01-80-C2-00-00-00,所有支持 STP 协议的网桥都会接收并处理收到的 BPDU 报文。该报文的数据区里携带了用于生成树计算的所有有用信息。

(1) 生成树协议数据单元。

交换机之间定期发送 BPDU 包,交换生成树配置信息,以便能够对网络的拓扑、开销或优先级的变化作出及时响应。首先了解一下 BPDU 数据包的主要内容,如表 4-1 所示。

表 4-1 BPDU 数据包基本格式

协议 ID(2)	版本(1)	消息类型(1)	标志(1)	根 ID(8)	根开销(4)
网桥 ID(8)	端口 ID(2)	消息寿命(2)	最大生存时间(2)	Hello 计时器(2)	转发延迟(2)

① 根 ID——包括根网桥的网桥 ID。收敛后的网桥网络中,所有配置 BPDU 中的该字段都应该具有相同值(单个 VLAN)。可以细分为两字段:根桥优先级和根桥 MAC 地址。

②根开销——通向根网桥(Root Bridge)的所有链路的累积花销。
③网桥 ID——创建当前 BPDU 的网桥 ID。
④端口 ID——每个端口值都是唯一的。例如端口 1/1 值为 0x8001,而端口 1/2 值为 0x8002。

(2)生成树形成过程。

对于一个存在环路的物理网络而言,若想消除环路,形成一个树形结构的逻辑网络,首先要解决的问题就是:哪台交换机可以作为"根"。

STP 协议中,首先推举一个 Bridge ID(桥 ID)最低的交换机作为生成树的根节点,交换机之间通过交换 BPDU(桥协议数据单元),获取各个交换机的参数信息,得出从根节点到其他所有节点的最佳路径。

Bridge ID 是 8 个字节长,包含了 2 个字节的优先级和 6 个字节的设备 MAC 地址,STP 默认情况下,优先级都是 32768,BPDU 每 2s 发送一次,桥 ID 最低的将被选举为根桥。

对于其他交换机到根交换机的冗余链路,根据到根桥的路径成本和各个端口的开销,决定将路径成本和端口开销最低的链路加到生成树中。

整个过程分为以下三步。

①选举根网桥:在给定广播域中,只有一台网桥被指定为根网桥。根网桥的网桥 ID 最小,根网桥上的所有端口都处于转发状态,被称为指定端口。处于转发状态时,端口可以发送和接收数据流。

②对于每台非根网桥,选举一个根端口:根端口到根网桥的路径成本最低。根端口处于转发状态,提供到根网桥的连接性。生成树路径成本是基于接收端口带宽的累积成本。

③在每个网段上选举一个指定端口:指定端口在到根网桥的路径成本最低的网桥中选择。指定端口处于转发状态,负责为相应网段转发数据流,每个网段只能有一个指定端口。非指定端口处于阻断状态,以断开环路。处于阻断状态的端口不发送和接收数据流,但这并不意味着它被禁用,而意味着生成树禁止它发送和接收用户数据流,但它仍接收 BPDU。

下面我们通过例子分析通过运行生成树协议实现无环路的网络拓扑过程。

例子 1:如图 4-5 所示。

A.决定根网桥。

在本环境中,四台交换机的桥优先级均为缺省值 32768,所以当形成了网络环路需要启用生成树协议构造一棵树时,选择的根网桥 ID 应该是由这四台交换机的 MAC 地址决定的桥 MAC 最小的交换机,比较的结果很显然,交换机 A 的 ID 最小,因此它即成为生成树中的根网桥,根网桥的所有端口(E1 和 E2)均处于转发状态,即指定端口。

B.选举非根网桥根端口。

确定了根网桥之后,其他交换机 B、C、D 都会在至少两个端口中接收到来自根 A 的 BPDU,于是交换机 B、C、D 都会继续判断应如何切断其中一条接收到根 BPDU 的方法。

此时我们假定该环境中的所有链路都是百兆的,因此路径花销都相同。

我们分析当交换机 B 确定它从 E3 和 E5 分别接收了相同的根 BPDU 后,它立即会比较接收的 BPDU 的路径花销积累,此时从 BPDU 中得出从 E5 收来的 BPDU 经过了更多的交换机,因此确定 E3 端口是能更直接到达根网桥的出口路径,于是 E3 成为非根桥 B 的唯一根端口(即发送数据给根桥的端口)。同理,我们知道交换机 C 也会确认其 E4 端口而非 E6 端口成为它的唯一根端口。

下面我们分析在交换机 D 中如何确定应选取哪个端口成为根端口而哪个端口为非根端口。

此时交换机 D 也分别在 E7 和 E8 中接收了两个来自交换机 A 的 BPDU,因此知道存在环路,并且使用路径开销积累的办法判断这两个端口是等价的,于是转而根据端口的 ID 来判断,端口 ID 的构成与桥 ID 的构成一致,均使用端口的优先级加端口的 MAC 地址来组合,一般端口的 MAC 地址以某一个基数开始,以端口号为序依次加一,于是在交换机 D 中,我们可以判断在端口优先级默认一致的情况下,端口号小的端口必然形成较小的端口 ID,于是我们判断出交换机 D 在此情况下会选择 E7 端口作为其唯一的根端口。

C. 选举每个网段指定端口。

至此,我们知道交换机 B、C、D 中 E3、E4、E7 端口为根端口,则它们所在的物理网段必须处于正常的转发状态,所以 E8 和 E6 所在的网段即成为阻断回路的阻塞网段,而根据这个网段中的交换机 D 我们得出在这个网段中处于阻塞状态的端口应该是桥 ID 大的交换机的端口 E8,它只能接收 BPDU 消息而无法进行正常的数据包转发工作。此例中 E6 端口则处于转发状态,以及时转发必要的 BPDU 消息,通知处于阻塞状态的端口当前拓扑结构的变化。

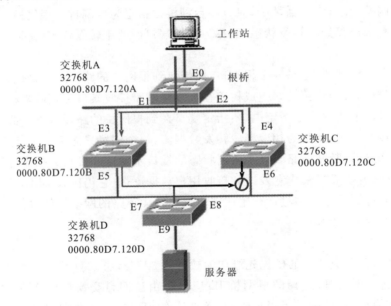

图 4-5 生成树协议实现无环路的网络拓扑过程

(3) 生成树路径成本。

生成树路径成本是基于路径中所有链路的带宽得到的累积成本。表 4-2 列出了 IEEE802.1d 规定的路径成本。

IEEE 802.1d 规范在 2003 年 1 月经过了修订,在修订前的规范中,成本的计算公式为 1000Mbit/s/带宽。新规范调整了计算方式,以适应高速接口,包括 1Gbit/s 和 10Gbit/s。

(4) 生成树端口状态。

要让端口转发或阻断帧,生成树必须将其切换到合适的状态。生成树端口状态有四种:阻断、侦听、学习、转发。

表 4-2 生成树路径成本

链路速率	成本(修订后的 IEEE 规范)	成本(修订前的 IEEE 规范)
10Gbit/s	2	1
1Gbit/s	4	1
100Mbit/s	19	10
10Mbit/s	100	100

生成树通过将端口在这些状态间切换,来确保拓扑中没有环路。

正常情况下,端口要么处于转发状态,要么处于阻断状态。处于转发状态的端口到根网桥的路径成本最低。当设备发现拓扑发生变化时,将出现两种过渡状态。拓扑发生变化导致转发状态的端口不可用时,处于阻断状态的端口将依次进入侦听和学习状态,最后进入转发状态。

所有端口一开始都处于阻断状态,以防止形成环路。如果存在其他成本更低的到根网桥的路径,端口将保持阻断状态。处于阻断状态的端口仍能够接收 BPDU,但不发送 BPDU。

端口处于侦听状态时,将查看 BPDU,并发送和接收 BPDU 以确定最佳拓扑。

端口处于学习状态时,能够获悉 MAC 地址,但不转发帧。这种状态表明端口正为传输作准备,它获悉网段上的地址,以防止进行不必要的泛洪。

处于转发状态时,端口能够发送和接收数据。

在 Catalyst 交换机上,默认情况下,端口从阻断状态切换到转发状态需要 50s。

(5)快速生成树协议 IEEE802.1w。

为什么要制定 IEEE802.1w 协议呢？因为 IEEE802.1d 协议虽然解决了链路闭合引起的死循环问题,但是生成树的收敛(指重新设定网络中的交换机端口状态)过程需要 50s 左右的时间。对于以前的网络来说,50s 的阻断是可以接受的,毕竟人们以前对网络的依赖性不强,但是现在情况不同了,人们对网络的依赖性越来越强,50s 的网络故障足以带来巨大的损失,因此 IEEE802.1d 协议已经不能适应现代网络的需求了。于是新的协议问世了,IEEE802.1w 协议使收敛过程由原来的 50s 减少为现在的 4s 左右,因此 IEEE802.1w 又称为"快速生成树协议"。对于现在的网络来说,这个速度足够快了。

第二节 两层交换机的基本配置

交换机作为现代局域网的主要网络设备,为了更充分地发挥交换机的转发效率优势,在网络中实施交换机部署时,往往需要针对网络环境需求对交换机的端口和其他应用技术进行调整和配置。本节将以锐捷系列交换机为例简单介绍交换机的配置方式和简单维护。

一、使用命令行界面

随着市场上交换机产品的不断发展,针对交换机的配置也发生了很多的变化,但其中命令行模式仍然是主要的配置形式。本教材及后面的实验章节均以锐捷交换机产品为例,阐述两层交换机的基本配置。

在使用 CLI 之前,用户需要使用一个终端或 PC 和交换机连接。启动交换机,在交换机硬件和软件初始化后就可以使用 CLI。在交换机的首次使用时只能使用串口(Console)方式连接交换机,称为带外(Outband)管理方式。在进行了相关配置后,可以通过 Telnet 虚拟终端方式连接和管理交换机。通过这两者都可以访问命令行界面。

当用户和交换机管理界面建立一个新的会话连接时,用户首先处于用户模式(User EXEC 模式),可以使用用户模式的命令。在用户模式下,只可以使用少量命令,并且命令的功能也受到一些限制,例如 show 命令等。用户模式的命令的操作结果不会被保存。

要使用交换机所有的命令集,则必须进入特权模式(Privileged EXEC 模式)。通常,在进入特权模式时必须输入特权模式的口令。在特权模式下,用户可以使用所有的特权命令,并且能够由此进入全局配置模式。

使用配置模式(全局配置模式、接口配置模式等)的命令,会对当前运行的配置产生影响。如果用户保存了配置信息,这些命令将被保存下来,并在系统重新启动时再次执行。要进入各种配置模式,首先必须进入全局配置模式,从全局配置模式出发,可以进入接口配置模式等各种配置子模式。

下面内容列出了命令集涉及的各种模式,如何访问每种模式和模式的提示符,以及如何离开该模式(这里假设交换机的名字为缺省值:Switch)。

1. User EXEC(用户模式)

访问交换机时首先进入该模式,其模式提示符为 Switch> ,输入 exit 命令离开该模式。使用该模式来对交换机进行基本操作。要进入特权模式,输入 enable 命令。

2. Privileged EXEC(特权模式)

在用户模式下,使用 enable 命令进入该模式,可以在该模式下测试、显示系统信息,其模式提示符为 Switch# ,要返回到用户模式,输入 disable 命令即可。

3. Global configuration(全局配置模式)

在特权模式下,要进入全局配置模式,输入 configure 命令。使用该模式来验证设置命令的结果是否正确。该模式一般具有口令保护。

其模式提示符为 Switch(config)# ,要返回到特权模式,输入 exit 命令或 end 命令,或者键入 Ctrl+C 组合键。

4. Interface configuration(接口配置模式)

在全局配置模式下,使用 interface 命令进入该模式,其模式提示符为 Switch(config-if)# ,要返回到特权模式,输入 end 命令,或键入 Ctrl+C 组合键。要返回到全局配置模式,输入 exit 命令。在 interface 命令中必须指明要进入哪一个接口配置子模式。使用该模式配置交换机的各种接口。

5. Config-vlan(VLAN 配置模式)

在全局配置模式下,使用 vlan vlan_id 命令进入该模式,使用该模式配置 VLAN 参数,其模式提示符是 Switch(config-vlan)# ,要返回到特权模式,输入 end 命令,或键入 Ctrl+C 组合键。要返回到全局配置模式,输入 exit 命令。

6. 获得帮助

1) 支持快捷键

交换机为方便用户的配置,特别提供了多个快捷键,如上、下、左、右键及删除键 Back-Space 等。如果超级终端不支持上下光标键的识别,可以使用 Ctrl+P 和 Ctrl+N 来替代。

2) 帮助功能

交换机为用户提供了两种方式获取帮助信息,其中一种方式为使用"help"命令,另一种为"?"方式。两种方式的使用方法和功能见表 4-3。

表 4-3 交换机的帮助功能和信息

帮助	使用方法及功能
help	在任一命令模式下,输入"help"命令均可获取有关帮助系统的简单描述
"?"	(1) 在任一命令模式下,输入"?"获取该命令模式下的所有命令及其简单描述; (2) 在命令的关键字后,输入以空格分隔的"?",若该位置是参数,会输出该参数类型、范围等描述;若该位置是关键字,则列出关键字的集合及其简单描述;若输出"\<cr\>",则此命令已输入完整,在该处键入回车即可; (3) 在字符串后紧接着输入"?",会列出以该字符串开头的所有命令

3) 对输入的检查

通过键盘输入的所有命令都要经过 Shell 程序的语法检查。当用户正确输入相应模式下的命令后,且命令执行成功,不会显示信息。如输入不正确,则返回一些出错的信息。

4) 命令简写

在输入一个命令时可以只输入各个命令字符串的前面部分,只要长到系统能够与其他命令关键字区分就可以。或在敲入一个命令字符串的部分字符后键入 Tab 键,系统就会自动显示该命令的剩余字符串并形成一个完整的命令。

5) 否定命令的作用

对于许多配置命令可以输入前缀 no 来取消一个命令的作用或者是将配置重新设置为默认值。几乎所有命令都有 no 选项。通常,使用 no 选项来禁止某个特性或功能,或者执行与命令本身相反的操作。例如接口配置命令 no shutdown 执行关闭接口命令 shutdown 的相反操作,即打开接口。使用不带 no 选项的关键字打开被关闭的特性或者缺省是关闭的特性。

配置命令大多有 default 选项,命令的 default 选项将命令的设置恢复为缺省值。大多数命令的缺省值是禁止该功能,因此在许多情况下 default 选项的作用和 no 选项是相同的。然而部分命令的缺省值是允许该功能,在这种情况下,default 选项和 no 选项的作用是相反的。这时 default 选项打开该命令的功能,并将变量设置为缺省的允许状态。

7. 常见的 CLI 错误信息

以下列出了用户在使用 CLI 管理交换机时可能遇到的错误提示信息。

% Ambiguous command:用户没有输入足够的字符,交换机无法识别唯一的命令。重新输入命令,紧接着发生歧义的单词输入一个问号,可能的关键字将被显示出来。

% Incomplete command:用户没有输入该命令的必需的关键字或者变量参数。重新输入命令,输入空格再输入一个问号,可能输入的关键字或者变量参数将被显示出来。

% Invalid input detected at'^' marker:用户输入命令错误,符号(^)指明了产生错误的单词的位置。在所在的命令模式提示符下输入一个问号,该模式允许的命令的关键字将被显示出来。

8. 使用历史命令

系统提供了用户输入的命令的记录。该特性在重新输入长而且复杂的命令时将十分有用。

从历史命令记录重新调用输入过的命令,执行以下操作:

操作结果如下。

Ctrl+P 或上方向键在历史命令表中浏览前一条命令。从最近的一条记录开始,重复使用该操作可以查询更早的记录。

Ctrl+N 或下方向键在使用了 Ctrl+P 或上方向键操作之后,使用该操作在历史命令表中回到更近的一条命令。重复使用该操作可以查询更近的记录。

二、交换机管理

对交换机的访问有以下几种方式。

(1)通过带外方式对交换机进行管理(带外方式指 PC 与交换机通过 console 口直接相连)。

(2)通过 Telnet 对交换机进行远程管理。

(3)通过 Web 对交换机进行远程管理。

(4)通过 SNMP 工作站对交换机进行远程管理。

上面四种方式中,后面三种方式均要通过网络传输,可以根据需要来禁止用户通过这三种访问方式中的一种或几种来访问交换机。可以通过关闭驻留在交换机上的 Telnet Server、Web Server、SNMP Agent 来分别禁用这三种访问方式。

如果同时禁止了 Telnet 和 Web 这两种访问方式,若想再打开这两种访问方式,就只能通过带外登录,然后用命令打开这两种方式。

缺省情况下,交换机上的 Telnet Server、Web Server、SNMP Agent 均处于打开状态。

从特权模式开始,可以通过以下步骤来分别禁止使用 Telnet、Web、SNMP 对交换机进行访问:

步骤 1 configure terminal 进入全局配置模式。

步骤 2 no enable services telnet-server 关闭交换机上的 Telnet Server,从而禁止使用 Telnet 对交换机进行访问。

步骤 3 no enable services web-server 关闭交换机上的 Web Server,从而禁止使用 Web 对交换机进行访问。

步骤 4 no enable services snmp-agent 关闭交换机上的 SNMP Agent,从而禁止使用 SNMP 管理工作站对交换机进行访问。

步骤 5 end 回到特权模式。

步骤 6 show running-config 验证你的配置。

步骤 7 copy running-config startup-config 保存配置(可选)。

可以通过命令 enable services telnet-server 重新打开交换机上的 Telnet Server,通过命令 enable services web-server 重新打开交换机上的 Telnet Server,通过命令 enable services snmp-agent 重新打开交换机上的 SNMP Agent。

从特权模式开始,可以使用下面的命令来显示对交换机的各种访问方式的状态。

show services 显示交换机上 Telnet Server、Web Server、SNMP Agent 的当前状态。

三、通过命令的授权控制用户的访问

控制网络上终端访问交换机的一个简单办法,就是使用口令保护和划分特权级别。口令可以控制对网络设备的访问,特权级别可以在用户登录成功后,控制其可以使用的命令。

本节描述如何访问配置文件和使用特权命令,由以下一些部分组成。

(1)缺省的口令和特权级别配置。

(2)设置和改变各级别的口令。

(3)配置多个特权级别。

缺省没有设置任何级别的口令,缺省的级别是 15 级。

从安全方面来看,口令是保存在配置文件中的,在网络上传输这些文件时(比如使用 TFTP),希望保证口令的安全。因此,口令在保存入参数文件之前将被加密处理,明文形式的口令变成密文形式的口令。命令 enable secret 使用了私有的加密算法。

使用 enable secret 命令可以改变用户级别的口令,从特权模式开始,按步骤进行以下设置:

步骤 1　configure terminal 进入全局配置模式。

步骤 2　enable secret [level level] {encryption-type encrypted-password} 创建一个新的口令或者修改一个已经存在的用户级别的口令。

level——用户级别(可选),其范围从 0 到 15。level 1 是普通用户级别,如果不指明用户的级别则缺省为 15 级(最高授权级别)。

password——用户级别的口令,明文输入的口令的最大长度为 25 个字符(包括数字字符)。口令中不能有空格(单词的分隔符),不能有问号或其他不可显示字符。

encryption-type——加密类型,0 表示不加密,目前只有 5,即实达锐捷公司私有的加密算法。如果选择了加密类型,则必须输入加密后的密文形式的口令,密文固定长度为 32 个字符。

步骤 3　end 回到特权模式。

步骤 4　show running-config 验证你的配置。

步骤 5　copy running-config startup-config 保存配置(可选)。

只有设置了口令的授权级别才可以使用,具体情况详见配置多个特权级别。使用 no enable secret [level] 命令删除口令和用户级别。下面是对级别 2 设置加密口令的例子:

Switch#configure terminal

Switch(config)#enable secret level 2 5 %3tj9=G1W47R:>H.51u_;C,tU8U0<D+S

Switch(config)#end

四、配置多个特权级别

在缺省情况下,系统只有两个受口令保护的授权级别:普通用户级别和特权用户级别。但是,用户可以为每个模式的命令划分 16 个授权级别,通过给不同的级别设置口令,就可以通过不同的授权级别使用不同的命令集合。

例如:想让更多的授权级别使用某一条命令,则可以将该命令的使用权授予较低的用户级别;而如果想让命令的使用范围小一些,则可以将该命令的使用权授予较高的用户级别。

本节包括以下内容:
(1)设置命令的使用级别。
(2)登录和离开授权级别。

从特权模式开始,按步骤进行以下设置:

步骤 1   configure terminal 进入全局配置模式。

步骤 2   privilege mode level level command 设置命令的级别划分。

mode——命令的模式,configure 表示全局配置模式,exec 表示特权命令模式,interface 表示接口配置模式等。

level——授权级别,范围从 0 到 15。level 1 是普通用户级别,level 15 是特权用户级别,在各用户级别间切换可以使用 enable 命令。

command——要授权的命令。

步骤 3   end 回到特权模式。

步骤 4   show running - config 验证你的配置。

步骤 5   copy running - config startup - config 保存配置。

如果将一条命令的权限授予某个级别,则该命令的所有参数和子命令都同时被授予该级别,除非该授权被收回。

要恢复一条已知的命令授权,可以在全局配置模式下使用 no privilege mode level level command 命令。

下面是将 configure 命令授予级别 14 并且设置级别 14 为有效级别(通过设置口令)的配置过程:

Switch# configure terminal

Switch(config)# privilege exec level 14 configure

Switch(config)# enable secret level 14 0 123456

Switch(config)# end

登录和离开授权级别:

在特权命令模式下,可以登录到指定的授权级别,或者离开某个授权级别。

步骤 1   enable level 登录到指定的授权级别。

level——指定的级别,范围从 0 到 15。

步骤 2   disable level 离开到指定的授权级别。

level——指定的级别,范围从 0 到 15。

五、管理系统的日期和时间

每台交换机中均有自己的系统时钟,该时钟提供具体日期(年、月、日)和时间(时、分、秒)以及星期等信息。对于一台交换机,第一次使用时需要首先手工配置交换机系统时钟为当前的日期和时间。当然,根据需要,也可以随时修正系统时钟。交换机的系统时钟主要用于系统日志等需要记录事件发生时间的地方。

1. 设置系统时间

可以通过手工的方式来设置交换机上的时间。当设置了交换机的时钟后,交换机的时钟将以设置的时间为准一直运行下去,即使交换机下电,交换机的时钟仍然继续运行。所以交换机的时钟设置一次后,原则上不需要再进行设置,除非需要修正交换机上的时间。

从特权模式开始,可以通过以下步骤来设置系统时间:

clock set hh:mm:ss day month year hh:mm:ss day:小时(24小时制),分钟和秒。

day:日,范围1~31。

month:月,范围1~12。

year:年,注意不能使用缩写。

下面的例子表示如何将系统时钟设置为2001年8月6日下午3点20分:

Switch# clock set 15:20:00 6 8 2001。

2. 查看当前时间

可以在特权模式下使用show clock命令来显示系统时间信息,显示的格式如下:

System clock:17:18:18.0 2001-08-06 Monday,表示2001年8月6日17点18分18秒,星期一。

六、系统名称和命令提示符

为了管理的方便,可以为一台交换机配置系统名称(System Name)来标识它。如果还没有为CLI配置命令提示符,则系统名称(如果系统名称超过22个字节,则截取其前22个字符)将作为命令提示符,提示符将随着系统名称的变化而变化。若系统名称为空,则使用"Switch"作为命令提示符。

在缺省情况下,系统名称和系统命令提示符均为"Switch"。

从特权模式开始,你可以通过以下步骤来设置系统名称:

步骤1　configure terminal 进入全局配置模式。

步骤2　hostname name 设置系统名称,名称必须由可打印字符组成,长度不能超过255个字节。

步骤3　end 回到特权模式。

步骤4　show running-config 验证你的配置。

步骤5　copy running-config startup-config 保存配置(可选)。

你可以在全局配置模式下使用no hostname来将系统名称恢复为缺省值。

可以在全局配置模式下使用prompt命令配置命令提示符。

从特权模式开始,你可以通过以下步骤来设置命令提示符:

步骤1　configure terminal 进入全局配置模式。

步骤 2 prompt string 设置命令提示符,名称必须由可打印字符组成,长度不能超过 22 个字节。在用户模式下,提示符后会跟一个">",而在特权模式下会跟一个"#"。

步骤 3 end 回到特权模式。

步骤 4 show running-config 验证你的配置。

步骤 5 copy running-config startup-config 保存配置(可选)。

可以在全局配置模式下使用 no prompt 来将命令提示符恢复为缺省值。

你可以在特权模式下使用命令 show snmp 来查看系统名称。下面的例子中表示系统名称(Hostname)为 Switch。

Switch#show snmp
Hostname : Switch
Contact :
Location :

七、创建标题

当用户登录交换机时,可能需要告诉用户一些必要的信息,可以通过设置标题来达到这个目的。可以创建两种类型的标题:每日通知和登录标题。

每日通知针对所有连接到交换机的用户,当用户登录交换机时,通知消息将首先显示在终端上。利用每日通知,可以发送一些较为紧迫的消息(比如系统即将关闭等)给网络用户。

登录标题显示在每日通知之后,它的主要作用是提供一些常规的登录提示信息。

在缺省情况下,每日通知和登录标题均未设置。

你可以创建包含一行或多行信息的通知信息,当用户登录交换机时,这些信息将会被显示。

从特权模式开始,你可以通过以下步骤来设置每日通知信息:

步骤 1 configure terminal 进入全局配置模式。

步骤 2 banner motd c message c。

设置每日通知(message of the day)的文本。

c 表示分界符,这个分界符可以是任何字符(比如'&'等字符)。输入分界符后,然后按回车键,现在你可以开始输入文本,你需要键入分界符并按回车键来结束文本的输入。需要注意的是,如果键入结束的分界符后仍然输入字符,则这些字符将被系统丢弃;另外,通知信息的文本中不应该出现作为分界符的字母,且文本的长度不能超过 255 个字节。

步骤 3 end 回到特权模式。

步骤 4 show running-config 验证你的配置。

步骤 5 copy running-config startup-config 保存配置(可选)。

你可以在全局配置模式下使用 no banner motd 来删除已配置的每日通知信息。

下面的例子说明了如何配置一个每日通知,我们使用(#)作为分界符,每日通知的文本信息为"Notice: system will shutdown on July 6th.",配置实例如下:

Switch(config) # banner motd #
Enter TEXT message. End with the character '#'.
Notice: system will shutdown on July 6th.

\#

Switch(config)#

从特权模式开始,可以通过以下步骤来设置登录标题:

步骤 1　configure terminal 进入全局配置模式。

步骤 2　banner login c message c 设置登录标题的文本。

c 表示分界符,这个分界符可以是任何字符(比如'&'等字符)。输入分界符后,然后按回车键,就可以开始输入文本,需要键入分界符并按回车键来结束文本的输入。需要注意的是,如果键入结束的分界符后仍然输入字符,则这些字符将被系统丢弃;另外,登录标题的文本中不应该出现作为分界符的字母,且文本的长度不能超过 255 个字节。

步骤 3　end 回到特权模式。

步骤 4　show running-config 验证你的配置。

步骤 5　copy running-config startup-config 保存配置(可选)。

可以在全局配置模式下使用 no banner login 来删除登录标题。

下面的例子说明了如何配置一个登录标题,我们使用(♯)作为分界符,登录标题的文本为 "Access for authorized users only. Please enter your password.",配置实例如下:

Switch(config)# banner login #

Enter TEXT message. End with the character '#'.

Access for authorized users only. Please enter your password.

\#

Switch(config)#

标题的信息将在你登录交换机时显示,以下是一个标题显示的例子。

下面是标题的显示情况:

C:\> telnet 192.168.65.236

Notice: system will shutdown on July 6th.

Access for authorized users only. Please enter your password.

User Access Verification

Password:

其中"Notice: system will shutdown on July 6th."为每日通知,"Access for authorized users only. Please enter your password."为登录标题。

八、管理 MAC 地址表

1. MAC 地址表概述

MAC 地址表包含了用于端口间报文转发的地址信息。MAC 地址表包含了动态、静态、过滤三种类型的地址。

动态地址是交换机通过接收到的报文自动学习到的 MAC 地址。当一个端口接收到一个包时,交换机将把这个包的源地址和这个端口关联起来,并记录到地址表中,交换机通过这种方式不断学习新的地址。当交换机收到一个包时,若该包的目的 MAC 地址是交换机已学习到的动态地址,则这个包将直接转发到与这个 MAC 地址相关联的端口上;否则,这个包将向所有端口转发。

交换机通过学习新的地址和老化掉不再使用的地址来不断更新其动态地址表。对于地址表中一个地址,如果较长时间(由地址老化时间决定)交换机都没有收到以这个地址为源地址的包,则这个地址将被老化掉。可以根据实际情况改变动态地址的老化时间。需要注意的是如果地址老化时间设置得太短,会造成地址表中的地址过早被老化而重新成为交换机未知的地址,而交换机再接收到以这些地址为目的地址的包时,会向 VLAN 中的其他端口发广播,这样就造成了一些不必要的广播流。如果老化时间设置得太长,则地址老化太慢,地址表容易被占满。当地址表加满后,新的地址将不能被学习,在地址表有空间来学习这个地址之前,这个地址就会一直被当做未知的地址,而交换机接收到以这些地址为目的地址的包时,同样向 VLAN 中的其他端口发广播,这样也会造成一些不必要的广播流。

当交换机复位后,交换机学习到的所有动态地址都将丢失,交换机需要重新学习这些地址。

静态地址是手工添加的 MAC 地址。静态地址和动态地址功能相同,不过相对动态地址而言,静态地址只能手工进行配置和删除(不能学习和老化),静态地址将保存到配置文件中,即使交换机复位,静态地址也不会丢失。

过滤地址是手工添加的 MAC 地址。当交换机接收到以过滤地址为源地址的包时将会直接丢弃。过滤地址永远不会被老化,只能手工进行配置和删除,过滤地址将保存到配置文件中,即使交换机复位,过滤地址也不会丢失。

如果你希望交换机能屏蔽掉一些非法的用户,你可以将这些用户的 MAC 地址设置为过滤地址,这样这些非法用户将无法通过交换机与外界通讯。

所有的 MAC 地址都和 VLAN 相关联,相同的 MAC 地址可以在多个 VLAN 中存在,不同 VLAN 中该地址可以关联不同的端口。每个 VLAN 都有维护它自己逻辑的一份地址表。一个 VLAN 已学习的 MAC 地址,对于其他 VLAN 而言可能就是未知的,仍然需要学习。

2. 配置 MAC 地址表

1)MAC 地址表的缺省配置参数

地址表老化时间 300s,动态地址表自动学习,静态地址表没有配置任何静态地址,过滤地址表没有配置任何过滤地址。

2)设置地址老化时间

从特权模式开始,可以通过以下步骤来设置地址老化时间:

步骤 1　configure terminal 进入全局配置模式。

步骤 2　mac-address-table aging-time [0 |10—1000000] 设置一个地址被学习后将保留在动态地址表中的时间长度,单位是秒,范围是 10~1 000 000s,缺省为 300s。

当你设置这个值为 0 时,地址老化功能将被关闭,学习到的地址将不会被老化。

步骤 3　end 回到特权模式。

步骤 4　show mac-address-table aging-time 验证你的配置。

步骤 5　copy running-config startup-config 保存配置(可选)。

你可以在全局配置模式下通过命令 no mac-address-table aging-time 来将地址老化时间恢复为缺省值。

3)删除动态地址表项

在特权模式下,你可以使用命令 clear mac-address-table dynamic 删除交换机上所有的动态地址；你可以使用命令 clear mac – address – table dynamic address mac – address 删除一个特定 MAC 地址；你可以使用命令 clear mac – address – table dynamic interface interface – id 删除一个特定物理端口或 Aggregate Port 上的所有动态地址；你也可以使用命令 clear mac – address – table dynamic vlan vlan – id 删除指定 VLAN 上的所有动态地址。

你可以使用特权模式下的命令 show mac – address – table dynamic 来验证相应的动态地址是否已经被删除。

4) 增加和删除静态地址表项

如果你要增加一个静态地址,你需要指定 MAC 地址(包的目的地址),VLAN(这个静态地址将加入哪个 VLAN 的地址表中),接口(目的地址为指定 MAC 地址的包将被转发到的接口)。

从特权模式开始,你可以通过以下步骤来添加一个静态地址：

步骤 1   configure terminal 进入全局配置模式。

步骤 2   mac – address – table static mac – addr vlan vlan – id interface interface – id。

mac – addr：指定表项对应的目的 MAC 地址。

vlan – id：指定该地址所属的 VLAN。

interface – id：包将转发到的接口(可以是物理端口或 Aggregate Port)。

当交换机在 vlan – id 指定的 VLAN 上接收到以 mac – addr 指定的地址为目的地址的包时,这个包将被转发到 interface – id 指定的接口上。

步骤 3   end 回到特权模式。

步骤 4   show mac – address – table static 验证你的配置。

步骤 5   copy running – config startup – config 保存配置(可选)。

你可以在全局配置模式下通过命令 no mac – address – table static mac – addr vlan vlan – id interface interface – id 来删除一个静态地址表项。

下面的例子说明了如何配置一个静态地址 00d0.f800.073c,当在 VLAN 4 中接受到目的地址为这个地址的包时,这个包将被转发到指定的接口 fastethernet 0/3 上：

Switch(config) # mac-address-table static 00d0.f800.073c vlan 4 interface fastethernet 0/3

5) 增加和删除过滤地址表项

如果你要增加一个过滤地址,你需要指定希望交换机过滤掉哪个 VLAN 内的哪个 MAC 地址,当交换机在该 VLAN 内收到以这个 MAC 地址为源地址的包时,这个包将被直接丢弃。

从特权模式开始,你可以通过以下步骤来添加一个过滤地址。

命令含义：

步骤 1   configure terminal 进入全局配置模式。

步骤 2   mac – address – table filtering mac – addr vlan vlan – id。

mac – addr ：指定交换机需要过滤掉的 MAC 地址。

vlan – id：指定该地址所属的 VLAN。

步骤 3   end 回到特权模式。

步骤 4   show mac – address – table filtering 验证你的配置。

步骤 5   copy running – config startup – config 保存配置(可选)。

你可以在全局配置模式下通过命令 no mac – address – table filtering mac – addr vlan

vlan-id来删除一个过滤地址表项。

下面的例子说明了如何让交换机过滤掉 VLAN 1 内源 MAC 地址为 00d0.f800.073c 的数据包：

　　Switch(config)# mac-address-table filtering 00d0.f800.073c vlan 1

6）查看 MAC 地址信息

在特权模式下，你可以使用以下所列的命令来查看交换机的 MAC 地址表信息：

步骤 1　show mac-address-table address 显示所有类型的 MAC 地址信息（包括动态地址、静态地址和过滤地址）。

步骤 2　show mac-address-table aging-time 显示当前的地址老化时间。

步骤 3　show mac-address-table dynamic 显示所有动态地址信息。

步骤 4　show mac-address-table static 显示所有静态地址信息。

步骤 5　show mac-address-table filtering 显示所有过滤地址信息。

步骤 6　show mac-address-table interface 显示指定接口的所有类型的地址信息。

步骤 7　show mac-address-table vlan 显示指定 VLAN 的所有类型的地址信息。

步骤 8　show mac-address-table count 显示地址表中 MAC 地址的统计信息。

下面是一些显示 MAC 地址信息的例子。

显示 MAC 地址表：

Switch# show mac-address-table dynamic

Vlan MAC Address Type Interface

- - - - - - - - - - - - - - - - - -

1 0001.960c.a740 DYNAMIC Gi1/1

1 0009.b715.d40c DYNAMIC Gi1/1

1 0080.ad00.0000 DYNAMIC Gi1/1

1 0090.f50c.1d53 DYNAMIC Gi1/1

1 00d0.f800.0c0c DYNAMIC Gi1/1

1 00d0.f808.3cc9 DYNAMIC Fa0/23

1 00d0.f80d.1083 DYNAMIC Gi1/1

显示地址表中 MAC 地址的统计信息：

Switch# show mac-address-table count

Dynamic Address Count : 30

Static Address Count : 0

Filtering Address Count: 0

Total Mac Addresses : 30

Total Mac Address Space Available: 8159

显示地址老化时间的设置：

Switch# show mac-address-table aging-time

Aging time : 300

3. MAC 地址变化通知

如果你需要了解对于交换机而言网络中用户的变化情况，MAC 地址通知功能是一种有效的手段。打开 MAC 地址的通知功能后,当交换机学习到一个新的 MAC 地址或删除掉一个已学习到的 MAC 地址,一个反映 MAC 地址变化的通知信息就会产生,并将以 SNMP Trap 的形式将通知信息发送给指定的 NMS(网络管理工作站)。如果一个 MAC 地址增加的通知产生,我们就知道一个新的用户(这个 MAC 地址标识的用户)开始使用交换机,如果一个 MAC 地址删除(一个使用交换机的用户,如果在地址老化时间指定的时间间隔内没有和交换机进行任何通讯,用户对应 MAC 地址将从交换机的地址表中删除)的通知产生,则表示一个用户已经停止使用交换机了。

当使用交换机的用户较多时,在短时间内可能会有大量的 MAC 地址变化产生(比如交换机上电时),这时为了减少网络流量,你可以设置发送 MAC 地址通知的时间间隔。系统会将指定的时间间隔地址通知信息加以捆绑,这样在每条地址通知信息中,就包含了若干个 MAC 地址变化的信息,这样就会有效地减少网络流量。

当 MAC 地址通知产生时,通知信息同时会记录到 MAC 地址通知历史记录表中。如果你没有配置接收 Trap 的 NMS 或你没有及时接收 MAC 地址变化的 Trap,你可以通过查看 MAC 地址通知历史记录表来了解最近 MAC 地址变化的消息。

MAC 地址通知功能是基于接口的,但 MAC 地址通知有一个全局开关。在全局开关打开的情况下,如果你打开某个接口上的 MAC 地址通知功能,则这个接口上的 MAC 地址的变化将会产生通知,而没有打开 MAC 地址通知功能的接口上的 MAC 地址变化将不会产生通知。你可以让接口仅仅发送地址增加或减少的通知,也可以两者都发。如果 MAC 地址通知全局开关关闭,则所有接口上均不会产生 MAC 地址通知。

MAC 地址通知功能仅针对动态地址,对于静态配置的地址的变化将不会产生通知信息。

在缺省情况下,MAC 地址的全局开关被关闭,所有接口的 MAC 地址通知功能也均被关闭。

从特权模式开始,你可以通过以下步骤来配置交换机 MAC 地址通知功能:

步骤 1　configure terminal 进入全局配置模式。

步骤 2　snmp - server host host – addr traps {version {1|2c}} community-string 配置接收 MAC 地址通知的 NMS。

host-addr:指明接收者的 IP。

version:指明发送哪种版本的 Trap。

community-string:指明发送的 Trap 上附带的认证名。

步骤 3　snmp-server enable traps mac-notification 允许交换机发送 MAC 地址通知的 Trap。

步骤 4　mac-address-table notification 打开 MAC 地址通知功能的全局开关。

步骤 5　mac-address-table notification {interval value | history-size value}。

interval value :设置产生 MAC 地址通知的时间间隔(可选)。时间间隔的单位为秒,范围为 0~3 600s,缺省为 1s。

history-size value:MAC 通知历史记录表中记录的最大个数,范围为 0~200,缺省为 50。

步骤 6　interface interface-id 进入接口配置模式,指定具体哪个接口上打开 MAC 地址通知功能。

步骤 7　snmp trap mac-notification {added | removed} 打开接口的 MAC 地址通知功

能。

　　added：当地址增加时通知。

　　removed：当地址被删除时通知。

　　步骤 8　end 回到特权模式。

　　步骤 9　show mac-address-table notification interface 验证你的配置。

　　　　　show running-config 验证你的配置。

　　步骤 10 copy running-config startup-config 保存配置（可选）。

　　你可以在全局配置模式下通过命令 no snmp-server enable traps mac-notification 来禁止交换机发送 MAC 地址变化通知的 Trap，使用命令 no mac-address-table notification 来关闭 MAC 地址通知的全局开关。此外，你可以在接口配置模式下，使用命令 no snmp trap mac-notification ｛added ｜ removed｝来关闭指定接口的相应 MAC 地址通知功能。

　　下面的例子说明了如何打开 MAC 地址通知功能，并以 public 为认证名向 IP 地址为 192.168.12.54 的 NMS 发送 MAC 地址变化通知的 Trap，产生 MAC 地址变化通知的间隔时间为 40s，MAC 地址通知历史记录表的大小为 100，打开接口 fastethernet 0/3 上当 MAC 地址增加和减少时进行通知的功能：

　　Switch(config)#　snmp-server host 192.168.12.54 traps public

　　Switch(config)#　snmp-server enable traps mac-notification

　　Switch(config)#　mac-address-table notification

　　Switch(config)#　mac-address-table notification interval 40

　　Switch(config)#　mac-address-table notification history-size 100

　　Switch(config)#　interface fastethernet 0/3

　　Switch(config-if)#　snmp trap mac-notification added

　　Switch(config-if)#　snmp trap mac-notification removed

　　在特权模式下，你可以使用下面所列的命令来查看交换机的 MAC 地址表信息：

　　步骤 1　show mac-address-table notification 查看 MAC 地址变化通知功能的全局配置信息。

　　步骤 2　show mac-address-table notification interface 查看接口的 MAC 地址变化通知功能状况。

　　步骤 3　show mac-address-table notification history 查看 MAC 地址变化通知信息的历史记录表。

　　下面是查看 MAC 地址变化通知信息的一些例子。

　　查看 MAC 地址通知功能的全局配置信息：

　　Switch#　show mac-address-table notification

　　MAC Notification Feature : Enabled

　　Interval(Sec): 2

　　Maximum History Size : 154

　　Current History Size : 2

　　MAC Notification Traps: Enabled

　　Switch#　show mac-address-table notification interface

Interface MAC Added Trap MAC Removed Trap
- -
Fa0/1 Disabled Enabled
Fa0/2 Disabled Disabled
Fa0/3 Enabled Enabled
Fa0/4 Disabled Disabled
Fa0/5 Disabled Disabled
Fa0/6 Disabled Disabled
……
Switch# show mac-address-table notification history
History Index:1
Entry Timestamp: 15091
MAC Changed Message :
Operation VLAN MAC Address Interface
- -
Added 1 00d0.f808.3cc9 Fa0/1
Removed 1 00d0.f808.0c0c Fa0/1
History Index:2
Entry Timestamp: 21891
MAC Changed Message :
Operation VLAN MAC Address Interface
- -
Added 1 00d0.f80d.1083 Gi1/1

九、查看系统信息

你可以通过命令行中的显示命令查看一些系统的信息,主要包括系统的版本信息,系统中的设备信息等。

系统信息主要包括系统描述,系统上电时间,系统的硬件版本,系统的软件版本,系统的 Ctrl 层软件版本,系统的 Boot 层软件版本。你可以通过这些信息来了解这个交换机系统的概况。

你可以在特权模式下使用下面所列的命令来显示这些系统信息:
show version 显示系统、版本信息。
下面的例子是 S2126G 的系统、版本信息:
Switch# show version
System description : Gigabit Intelligent Switch(S2126G)
System uptime : 0d:1h:45m:50s
System hardware version : 1.0
System software version : 1.0 Build Oct 15 2002 Debug
System BOOT version : STAR-S2126G-BOOT01-01

System CTRL version : STAR-S2126G-CTRL01-01
Running Switching image: Layer2

硬件信息主要包括物理设备信息及设备上的插槽和模块信息。设备本身信息包括：设备的描述，设备拥有的插槽的数量；插槽信息：插槽在设备上的编号，插槽上模块的描述（如果插槽没有插模块，则描述为空），插槽所插模块包括的物理端口数，插槽最多可能包含的端口的最大个数（所插模块包括的端口数）。

你可以在特权模式下使用下列命令来显示设备和插槽的信息：
步骤 1   show version devices 显示交换机当前的设备信息。
步骤 2   show version slots 显示交换机当前的插槽和模块信息。

下面的例子显示的是 S2126G 的硬件实体信息：
Switch# show ver devices
Device Slots Description
- - - - - - - - - - - - - - - - -
1 3 S2126G
Switch# show ver slots
Device Slot Ports Max Ports Model
- - - - - - - - - - - - - - - - -
1 0 24 24 S2126G_Static_Module
1 1 11   M2101T
1 2 11   M2121S

十、串口速率

交换机有一个串口（带外接口），通过这个串口，你可以管理交换机。你可以根据需要改变交换机串口的速率。需要注意的是，你用来管理交换机的终端的速率设置必须和交换机的串口速率一致。

1．配置串口传输速率

从特权模式开始，你可以通过以下步骤来设置串口的传输速率：
步骤 1   configure terminal 进入全局配置模。
步骤 2   line console 0 进入串口的 Line 配置模式。
步骤 3   speed number 设置串口的传输速率，单位是 bps。你只能将传输速率设置为 9600、19200、38400、57600 中的一个。缺省的速率是 9600。
步骤 4   end 回到特权模式。
步骤 5   show line console 0 验证你的配置。
步骤 6   copy running-config startup-config 保存配置（可选）。

你可以在串口的 Line 配置模式下使用 no speed 将串口的传输速率恢复为缺省值。

下面的例子表示如何将串口速率设置为 57 600bps：
Switch(config)# line console 0
Switch(config-line)# speed 57600

2. 查看串口当前传输速率

你可以在特权模式下使用 show line console 0 命令来显示串口当前传输速率：
Switch# show line console 0
Baud rate : 9600

第三节　交换机的接口配置

一、交换机的接口类型

1. 2层接口（L2 interface）

本节主要描述2层接口的类型及相关的定义，可分为以下几种类型：Switch Port 和 L2 Aggregate Port。

1）Switch Port

由交换机上的单个物理端口构成，只具备2层交换功能。可以分为 Access Port 和 Trunk Port。Access Port 和 Trunk Port 的配置必须通过手动配置。通过 Switch Port 接口配置命令可对 Switch Port 进行配置，有关 Access Port 和 Trunk Port 的详细配置过程可参照后面叙述的 VLAN 配置。

（1）Access Port。

每个 Access port 只能属于一个 VLAN，Access Port 只传输属于这个 VLAN 的帧。Access Port 只接收以下三种帧：untagged 帧；vid 为 0 的 tagged 帧；vid 为 Access Port 所属 VLAN 的帧。Access port 只发送 untagged 帧。

（2）Trunk Port。

Trunk Port 传输属于多个 VLAN 的帧，缺省情况下 Trunk Port 将传输所有 VLAN 的帧，可通过设置 VLAN 许可列表来限制 Trunk Port 传输哪些 VLAN 的帧。每个接口都属于一个 native VLAN，所谓 native VLAN，就是指在这个接口上收发的 UNTAG 报文都被认为是属于这个 VLAN 的。Trunk Port 可接收 tagged 和 untagged 帧，若 Trunk Port 接收到的帧不带 IEEE802.1Q tag，那么帧将在这个接口的 native VLAN 中传输，每个 Trunk Port 的 native VLAN 都可设置。若 Trunk Port 发送的帧所带的 VID 等于该 Trunk Port 的 native VLAN，则帧从该 Trunk Port 出去时，tag 将被剥离。Trunk Port 发送的非 native VLAN 的帧是带 tag 的。

2）L2 Aggregate Port

L2 Aggregate Port 是由多个物理端口构成的 Switch Port。对于2层交换来说，L2 Aggregate Port 就好像一个高带宽的 Switch Port，通过 L2 Aggregate Port 发送的帧将在 L2 Aggregate Port 的成员端口上进行流量平衡，当一个成员端口链路失效后，L2 Aggregate Port 会自动将这个成员端口上的流量转移到别的端口上。同样，L2 Aggregate Port 可以为 Access Port 或 Trunk Port，但 L2 Aggregate Port 成员端口必须为同一类型。您可通过 interface aggregateport 命令来创建 L2 Aggregate Port。

2. 三层接口（L3 interface）

本节主要描述三层接口的类型及相关的定义，S21 系列可以有以下几种类型。

1）SVI（Switch Virtual Interface）

SVI 是和某个 VLAN 关联的 IP 接口。每个 SVI 只能和一个 VLAN 关联。

SVI 是本机的管理接口，通过该管理接口管理员可管理交换机。

您可通过 interface vlan 接口配置命令来创建 SVI，然后给 SVI 分配 IP 地址。

2）配置接口

本节描述接口的缺省配置，配置指南，配置步骤，配置实例。

3）接口编号规则

对于 Switch Port，其编号由两个部分组成：插槽号，端口在插槽上的编号。例如端口所在的插槽编号为 2，端口在插槽上的编号为 3，则端口对应的接口编号为 2/3。插槽的编号为 0～插槽的个数。插槽的编号规则是：面对交换机的面板，插槽按照从前至后、从左至右、从上至下的顺序依次排列，对应的插槽号从 0 开始依次增加。静态模块（固定端口所在模块）编号为 0。插槽上的端口编号是从 1～插槽上的端口数，编号顺序是从左到右。你也可以通过命令行中的 show 命令来查看插槽以及插槽上的端口信息。

对于 Aggregate Port，其编号的范围为 1～交换机支持的 Aggregate Port 个数。

对于 SVI，其编号就是这个 SVI 对应的 VLAN 的 VID。

4）接口配置命令的使用

您可在全局配置模式下使用 interface 命令进入接口配置模式。遵行下面的步骤可进入接口配置模式。

命令含义：

步骤 1　configure terminal 进入全局配置模式。

步骤 2　interface 接口 ID 在全局配置模式下输入 interface 命令，进入接口配置模式。用户也可以在全局配置模式下使用 interface range 或 interface range macro 命令配置一定范围的接口。但是定义在一个范围内的接口必须是相同类型和具有相同特性的。

步骤 3　相关设置命令在接口配置模式下，可以对指定的接口配置相关的协议或者进行某些应用。使用 end 命令可以回到特权模式。

下例给出了进入 gigabitethernet2/1 接口的示例：

Switch(config)#　interface gigabitethernet 2/1

Switch(config-if)#

在接口配置模式下您可配置接口的相关属性。

使用 interface range 命令

二、配置一定范围的接口

用户可以使用全局配置模式下的 interface range 命令同时配置多个接口。当进入 interface range 配置模式时，此时设置的属性适用于所选范围内的所有接口。

在特权模式下，下面的步骤使一定范围内的接口具备相同的属性：

步骤 1　configure terminal 进入全局配置模式。

步骤 2　interface range {port-range | macro macro_name} 输入一定范围的接口。

interface range 命令可以指定若干范围段。

macro 参数可以使用范围段的宏定义，参见配置和使用端口范围的宏定义。

每个范围段可以使用逗号(,)隔开。同一条命令中所有范围段中的接口必须属于相同类型。

步骤3　使用通常的接口配置命令来配置一定范围内的接口。

步骤4　end 回到特权模式。

当使用 interface range 命令时,请注意 range 参数的格式。

有效的接口范围格式:

- vlan vlan-id-vlan-id, VLAN id 范围 1～4094；
- fastethernet slot/{第一个 port}-{最后一个 port}；
- gigabitethernet slot/{第一个 port}-{最后一个 port}；
- Aggregate Port Aggregate port 号-Aggregate port 号,范围 1～n；

在一个 interface range 中的接口必须是相同类型的,即或者全是 fastethernet、gigabitethernet,或者全是 Aggregate Port,或者全是 SVI。

下面的例子是在全局配置模式下使用 interface range 命令:

Switch# configure terminal
Switch(config)# interface range fastethernet 0/1-10
Switch(config-if-range)# no shutdown
Switch(config-if-range)#

下面的例子是如何使用分隔符号(,)隔开多个 range:

Switch# configure terminal
Switch(config)# interface range fastethernet 0/1-5, 0/7-8
Switch(config-if-range)# no shutdown
Switch(config-if-range)#

用户可以自行定义一些宏来取代端口范围的输入。但在用户使用 interface range 命令中的 macro 关键字之前,必须先在全局配置模式下使用 define interface-range 命令定义这些宏。

从特权模式出发,按以下步骤定义接口范围的宏定义:

步骤1　configure terminal 进入全局配置模式。

步骤2　define interface-range macro_name interface-range 定义接口范围的宏定义。macro_name 为宏定义的名字,不超过 32 个字符。

宏定义的内部可以包括多个范围段。同一宏定义中的所有范围段中的接口必须属于相同类型。

步骤3　interface range macro macro_name 宏定义的字符串将被保存在内存中,使用 interface range 命令时,可以使用宏定义的名字来取代需要输入的表示接口范围的字符串。

步骤4　end 回到特权模式。

在全局配置模式下,使用 no define interface-range macro_name 命令来删除设置的宏定义。

当使用 define interface-range 命令来定义接口范围时,应注意以下内容。

有效的接口范围格式:

- vlan vlan-id-vlan-id, VLAN id 范围 1～4094；
- fastethernet slot/{第一个 port}-{最后一个 port}；

- gigabitethernet slot/{第一个 port}-{最后一个 port};
- Aggregate Port Aggregate Port 号-Aggregate Port 号,范围 1~n;

在一个 interface range 中的接口必须是相同类型的,即或者全是 Switch Port,或者全是 Aggregate Port,或者全是 SVI。

下面的例子是如何使用 define interface-range 命令来定义 fastethernet1/1-4 的宏定义:

Switch# configure terminal
Switch(config)# define interface-range resource fastethernet0/1-4
Switch(config)# end
Switch#

下面的例子显示如何定义多个接口范围段的宏定义:

Switch# configure terminal
Switch(config)# define interface-range ports1to2N5to7 fastethernet0/1-2, 0/5-7
Switch(config)# end
Switch#

下面的例子显示使用宏定义 ports1to2N5to7 来配置指定范围的接口:

Switch# configure terminal
Switch(config)# interface range macro ports1to2N5to7
Switch(config-if-range)#
Switch#

下面的例子显示如何删除宏定义 ports1to2N5to7:

Switch# configure terminal
Switch(config)# no define interface-range ports1to2N5to7
Switch# end
Switch#

三、配置接口的描述和管理状态

为了有助于你记住一个接口的功能,您可以为一个接口起一个专门的名字来标识这个接口,也就是接口的描述(Description)。你可以根据要表达的含义来设置接口的具体名称,比如,如果你想将 gigabitethernet 1/1 分配给用户 A 专门使用,你就可以将这个接口的描述设置为"Port for User A"。

在特权模式下,遵照以下步骤可为某个接口配置描述:

步骤 1   configure terminal 进入全局配置模式。
步骤 2   interface interface-id 进入接口配置模式。
步骤 3   description string 设置接口的描述,最多 32 个字符。
步骤 4   end 回到特权模式。

下面的例子显示了如何设置接口 gigabitethernet 1/1 的描述:

Switch# config terminal
Enter configuration commands, one per line. End with CNTL/Z.
Switch(config)# interface gigabitethernet 1/1

Switch(config-if)# description PortForUser A
Switch(config-if)# end
Switch#

在某些情况下,你可能需要禁用某个接口。你可以通过设置接口的管理状态来直接关闭一个接口。如果关闭一个接口,则这个接口上将不会接收和发送任何帧,这个接口将丧失这个接口对应的所有功能。你也可以通过设置管理状态来重新打开一个已经关闭的接口。接口的管理状态有两种:up 和 down,当端口被关闭时,端口的管理状态为 down,否则为 up。

在特权模式下,你可以通过以下步骤来关闭一个接口:

步骤 1　configure terminal 进入全局配置模式。

步骤 2　interface {{fastethernet | gigabitethernet}interface-id} | {vlan vlan-id}| { aggregateport port-number} 进入接口配置模式。

步骤 3　shutdown 关闭一个接口。

步骤 4　end 回到特权模式。

下面的例子描述如何关闭接口 gigabitethernet 1/2:

Switch# configure terminal
Switch(config)# interface gigabitethernet 1/8
Switch(config-if)# shutdown
Switch(config-if)# end
Switch#

四、配置接口的速度、双工和流控

本部分描述如何配置接口的速率、双工和流控模式。

以下配置命令只对 Switch Port、L2 Aggregate Port 有效。

在特权模式下,请遵照以下步骤来配置接口的速率、双工和流控模式:

步骤 1　configure terminal 进入全局配置模式。

步骤 2　interface interface-id 进入接口配置模式。

步骤 3　speed {10 | 100 | 1000 | auto } 设置接口的速率参数,或者设置为 auto。

注意:1000 只对千兆口有效。

步骤 4　duplex {auto | full | half} 设置接口的双工模式。

步骤 5　flowcontrol {auto | on | off} 设置接口的流控模式。

注意:当 speed、duplex、flowcontrol 都设为非 auto 模式时,该接口关闭自协商过程。

步骤 6　end 回到特权模式。

在接口配置模式下使用 no speed、no duplex 和 no flowcontrol 命令,将接口的速率、双工和流控配置恢复为缺省值(自协商)。使用 default interface interface-id 命令将接口的所有设置恢复为缺省值。

下面的例子显示如何将 gigabitethernet 1/1 的速率设为 1000M,双工模式设为全双工,流控关闭:

Switch# configure terminal
Switch(config)# interface gigabitethernet 1/1

Switch(config-if)# speed 1000

Switch(config-if)# duplex full

Switch(config-if)# flowcontrol off

Switch(config-if)# end

Switch#

五、配置 2 层接口

本节主要讲述配置 Switch Port 的操作模式（Access/Trunk Port）及每种模式下的相关配置。

可在接口配置模式下通过 switchport 或其他命令来配置 Switch Port 的相关属性，在特权模式下，请遵照以下步骤来配置 Switch Port 的模式：

步骤 1　configure terminal 进入全局配置模式。

步骤 2　interface {fastethernet|gigabitethernet}interface-id 选择接口，进入接口配置模式。

步骤 3　switch port mode {access | trunk } 配置接口的操作模式。

步骤 4　end 回到特权模式。

下例显示如何配置 gigabitethernet 1/2 的操作模式为 Access Port：

Switch# configure terminal

Enter configuration commands, one per line. End with CNTL/Z.

Switch(config)# interface gigabitethernet 2/1

Switch(config-if)# switchport mode access

Switch(config-if)# end

Switch#

请遵照以下步骤来配置 Access Port 所属的 VLAN：

步骤 1　configure terminal 进入全局配置模式。

步骤 2　interface {fastethernet|gigabitethernet}interface-id 选择接口，进入接口配置模式。

步骤 3　switchport access vlan vlan-id 配置 access port 所属的 VLAN。

步骤 4　end 回到特权模式。

下例显示如何配置 access port gigabitethernet 2/1 所属 vlan 为 100：

Switch# configure terminal

Enter configuration commands, one per line. End with CNTL/Z.

Switch(config)# interface gigabitethernet 2/1

Switch(config-if)# switchport access vlan 100

Switch(config-if)# end

Switch#

请遵照以下步骤来配置 trunk port 的 native VLAN：

步骤 1　configure terminal 进入全局配置模式。

步骤 2　interface {fastethernet|gigabitethernet}interface-id 选择接口，进入接口配置模

式。

步骤 3　switchport trunk native vlan vlan-id 配置 trunk port 的 native vlan。

步骤 4　end 回到特权模式。

下例显示如何配置 trunk port gigabitethernet 2/1 的 native vlan 为 10。

Switch# configure terminal

Enter configuration commands, one per line. End with CNTL/Z.

Switch(config)# interface gigabitethernet /1

Switch(config-if)# switchport trunk native vlan 10

Switch(config-if)# end

Switch#

请遵照以下步骤来配置接口的端口安全,有关端口安全更详细的信息请参照"基于端口的流量控制":

步骤 1　configure terminal 进入全局配置模式。

步骤 2　interface {fastethernet｜gigabitethernet} interface-id 选择接口,进入接口配置模式。

步骤 3　switchport port-security 配置接口的端口安全。

步骤 4　end 回到特权模式。

下例显示如何打开 gigabitethernet 2/1 的端口安全：

Switch# configure terminal

Enter configuration commands, one per line. End with CNTL/Z.

Switch(config)# interface gigabitethernet 2/1

Switch(config-if)# switchport port-security

Switch(config-if)# end

Switch#

下例显示如何配置 gigabitethernet 2/1 为 access port,所属 VLAN 为 100,速度、双工和流控为自协商模式,端口安全打开：

Switch# configure terminal

Enter configuration commands, one per line. End with CNTL/Z.

Switch(config)# interface gigabitethernet 2/1

Switch(config-if)# switchport access vlan 100

Switch(config-if)# speed auto

Switch(config-if)# duplex auto

Switch(config-if)# flowcontrol auto

Switch(config-if)# switchport port-security

Switch(config-if)# end

Switch#

六、配置 L2 Aggregate Port

这里主要讲述如何创建 L2 Aggregate Port 及与 L2 Aggregate Port 相关的一些配置。

您可以在接口配置模式下使用 aggregate port 来创建 L2 Aggregate Port,具体的配置过程请参照配置 Aggregate Port。

在特权模式下您可通过 clear 命令清除接口的统计值并复位该接口。该命令只对 Switch Port、L2 Aggregrate Port 的成员端口有效,以下为 clear 命令:

clear counters [interface-id]清除接口统计值。

clear interrfaces interface-id 接口硬件复位。

接口的统计值可以通过特权模式命令 show interfaces 查看,在特权模式下使用 clear counters 命令,可以将接口的统计值清零。如果不指定接口,则将所有的 L2 接口计数器清零。

下面的例子显示如何清除 gigabitethernet 1/1 的计数器:

Switch# clear counters gigabitethernet 1/1
Clear "show interface" counters on this interface [confirm] y
Switch#

七、配置 SVI

本部分主要描述如何创建 SVI 及和 SVI 相关的一些配置。

可在通过 interface vlan vlan-id 创建一个 SVI 或修改一个已经存在的 SVI。

在特权模式下,请遵循以下步骤进行 SVI 的配置。

(1)通过以下步骤进入 SVI 接口配置模式:

步骤 1 configure terminal 进入全局配置模式。

步骤 2 interface vlan vlan-id 进入 SVI 接口配置模式。

(2)然后可对 SVI 的相关属性进行配置,详细的信息请参考配置 IP 单址路由。

下面的例子显示如何进入接口配置模式,并且给 SVI 100 分配 IP 地址:

Switch# configure terminal
Enter configuration commands, one per line. End with CNTL/Z.
Switch(config)# interface vlan 100
Switch(config-if)# ip address 192.168.1.1 255.255.255.0
Switch(config-if)# end
Switch#

八、显示接口状态

本部分描述接口的显示内容,显示实例。在特权模式下可通过 show 命令来查看接口状态。

在特权模式下,可使用以下命令显示接口状态:

show interfaces [interface-id]显示指定接口的全部状态和配置信息。

show interfaces interface-id status 显示接口的状态。

show interfaces [interface-id] switchport 显示可交换接口(非路由接口)的 administrative 和 operational 状态信息。

show interfaces [interface-id] description 显示指定接口的描述配置和接口状态。

以下例子显示接口 gigabitethernet 1/1 的接口状态:

Switch# show interfaces gigabitethernet 1/1
GigabitEthernet：Gi 1/1
Description：user A
AdminStatus：up
OperStatus：down
Hardware：1000BASE-TX
Mtu：1500
PhysAddress：
LastChange：0:0h:0m:0s
AdminDuplex：Auto
OperDuplex：Unknown
AdminSpeed：1000M
OperSpeed：Unknown
FlowControlAdminStatus：Enabled
FlowControlOperStatus：Disabled
Priority：1

以下例子显示接口 SVI 5 的接口状态和配置信息：
Switch# show interfaces vlan 5
VLAN：V5
Description：SVI 5
AdminStatus：up
OperStatus：down
Primary Internet address：192.168.65.230/24
Secondary Internet address：192.168.65.111/24
Tertiary Internet address：192.168.65.10/24
Quartus Internet address：192.168.65.11/24
Broadcast address：192.168.65.255
PhysAddress：00d0.f800.0001
LastChange：0:0h:0m:5s

以下例子显示接口 aggregateport 3 的接口状态：
show interfaces aggregateport 3：
Interface：AggreatePort 3
Description：
AdminStatus：up
OperStatus：down
Hardware：-
Mtu：1500
LastChange：0d:0h:0m:0s
AdminDuplex：Auto

OperDuplex：Unknown
AdminSpeed：Auto
OperSpeed：Unknown
FlowControlAdminStatus：Autonego
FlowControlOperStatus：Disabled
Priority：0
以下例子显示接口 fastethernet 0/1 的接口配置信息：
show interfaces fastethernet 0/1 switchport
Interface Switchport Mode Access Native Protected VLAN lists
- -
Fa0/1 Enabled Access 1 1 Enabled All
以下例子显示接口 gigabitethernet 2/1 的接口描述：
show interfaces gigabitethernet 1/2 discription
Interface Status Administrative Description
- -

第五章 交换技术

第一节 VLAN

一、VLAN 概述

随着以太网技术的普及,以太网的规模也越来越大,从小型的办公环境到大型的园区网络,网络管理变得越来越复杂。在采用共享介质的以太网中,所有节点位于同一冲突域中,同时也位于同一广播域中(广播域是一组相互接收广播帧的设备。例如,如果设备 A 发送的广播帧将被设备 B 和 C 接收,则这三台设备位于同一个广播域中)。为了解决共享式以太网的冲突域问题,采用了交换机来对网段进行逻辑划分,将冲突限制在某一个交换机端口。但是,交换机虽然能解决冲突域问题,却不能克服广播域问题,交换型网络仍然只包含一个广播域。在默认情况下,交换机将广播帧从所有端口转发出去,因此与同一台交换机相连的所有设备都位于同一个广播域中。广播不仅会浪费带宽,还会因过量的广播产生广播风暴。当交换网络规模增加时,网络广播风暴问题会更加严重,并可能因此导致网络瘫痪。

虚拟局域网 VLAN(Virtual Local Area Network)是以局域网交换机为基础,通过交换机软件实现根据功能、部门、应用等因素将设备或用户组成虚拟工作组或逻辑网段的技术,其最大的特点是在组成逻辑网时无须考虑用户或设备在网络中的物理位置。VLAN 可以在一个交换机或者跨交换机上实现。

VLAN 用于将连接到交换机的设备划分成逻辑广播域,防止广播影响其他设备。它是在一个物理网络上划分出来的逻辑网络,这个网络对应于 ISO 模型的第二层网络。VLAN 的划分不受网络端口的实际物理位置的限制。VLAN 有着和普通物理网络同样的属性,除了没有物理位置的限制,它和普通局域网一样。第二层的单播、广播和多播帧在一个 VLAN 内转发、扩散,而不会直接进入其他的 VLAN 之中。VLAN 之间的通讯必须通过三层设备(路由器或者三层交换机)。锐捷的三层交换机可以通过 SVI 接口(Switch Virtual Interfaces)来进行 VLAN 之间的 IP 路由。关于 SVI 的配置,可以参考接口管理配置及 IP 单播路由配置。

交换机支持的 VLAN 遵循 IEEE802.1q 标准,最多可以支持 250 个 VLAN(VLAN ID 1~4094)。其中 VLAN 1 是不可删除的默认 VLAN。

采用 VLAN 后,在不增加设备投资的前提下,可在许多方面提高网络的性能,并简化网络管理。具体表现在以下几个方面。

1)提供了一种控制网络广播的方法

基于交换机组成的网络的优势在于可提供低时延、高吞吐量的传输性能,但其会将广播包发送到所有互连的交换机、所有的交换机端口、干线连接及用户,从而引起网络中广播流量的增加,甚至产生广播风暴。通过将交换机划分到不同的 VLAN 中,一个 VLAN 的广播不会影响到其他 VLAN 的性能。即使是同一交换机上的两个相邻端口,只要它们不在同一 VLAN 中,则相互之间也不会渗透广播流量。VLAN 越小,VLAN 中受广播活动影响的用户就越少。这种配置方式大大地减少了广播流量,提高了用户的可用带宽,弥补了网络易受广播风暴影响的弱点。

2)提高了网络的安全性

VLAN 的数目及每个 VLAN 中的用户和主机是由网络管理员决定的。网络管理员通过将可以相互通信的网络节点放在一个 VLAN 内,或将受限制的应用和资源放在一个安全 VLAN 内,并提供基于应用类型、协议类型、访问权限等不同策略的访问控制表,就可以有效限制广播组或共享域的大小。

3)简化了网络管理

一方面,可以不受网络用户的物理位置限制而根据用户需求设计逻辑网络,如同一项目或部门中的协作者,共享相同网络应用或软件的不同用户群。另一方面,由于 VLAN 可以在单独的交换设备或跨多个交换设备实现,因此也会大大减少在网络中增加、删除或移动用户时的管理开销。增加用户时只要将其所连接的交换机端口指定到他所属于的 VLAN 中即可;而在删除用户时只要将其 VLAN 配置撤销或删除即可;在用户移动时,只要他们还能连接到任何交换机的端口,则无须重新布线。

二、VLAN 成员类型

我们可以通过配置一个端口在某个 VLAN 中的 VLAN 成员类型来确定这个端口能通过哪些帧,以及这个端口可以属于多少个 VLAN。

一个 Access 端口,只能属于一个 VLAN,并且是通过手工设置指定 VLAN 的。

一个 Trunk 口,在缺省情况下是属于本交换机所有 VLAN 的,它能够转发所有 VLAN 的帧。但是,可以通过设置许可 VLAN 列表(allowed-VLANs)来加以限制。

三、配置 VLAN

一个 VLAN 是以 VLAN ID 来标识的。可以通过配置添加、删除、修改成 VLAN 2 到 4094。而 VLAN 1 则是由交换机自动创建,并且不可被删除。

可以使用 interface 配置模式来配置一个端口的 VLAN 成员类型,加入、移出一个 VLAN。

1)VLAN 配置信息的保存

当在特权命令模式下输入 copy running-config startup-config 命令后,VLAN 的配置信息便被保存进配置文件。要查看 VLAN 配置信息,可以使用 show vlan 命令。

2)创建、修改一个 VLAN

在特权模式下,通过如下步骤,您可以创建或者修改一个 VLAN:

步骤 1　configure terminal 进入全局配置模式。

步骤 2　vlan vlan-id 输入一个 VLAN ID。如果输入的是一个新的 VLAN ID,则交换机会创建一个 VLAN,如果输入的是已经存在的 VLAN ID,则修改相应的 VLAN。

步骤 3　name vlan-name (可选)为 VLAN 取一个名字。如果没有进行这一步,则交换机会自动为它起一个名字 VLAN xxxx,其中 xxxx 是用 0 开头的四位 VLAN ID 号。比如,VLAN 0004 就是 VLAN 4 的缺省名字。

  步骤 4 end 回到特权命令模式。
  步骤 5 show vlan {id vlan-id}检查一下您刚才的配置是否正确。
  步骤 6 copy running-config startup config（可选）将配置保存进配置文件中。
如果您想把 VLAN 的名字改回缺省名字,只需输入 no name 命令即可。
  下面是一个创建 VLAN 888,将它命名为 test888,并且保存进配置文件的例子：
Switch# configure terminal
Switch(config)# vlan 888
Switch(config-vlan)# name test888
Switch(config-vlan)# end

3) 删除一个 VLAN

缺省 VLAN(VLAN 1)不能删除。在特权模式下,使用如下步骤可以删除一个 VLAN：
  步骤 1 configure terminal 进入全局配置模式。
  步骤 2 no vlan vlan-id 输入一个 VLAN ID,删除它。
  步骤 3 end 回到特权命令模式。
  步骤 4 show vlan 检查一下是否正确删除。
  步骤 5 copy running-config startup config(可选)将配置保存进配置文件。

4) 向 VLAN 分配 Access 口

如果您把一个接口分配给一个不存在的 VLAN,那么这个 VLAN 将自动被创建。
在特权模式下,利用如下步骤可以将一个端口分配给一个 VLAN：
  步骤 1 configure terminal 进入全局配置模式。
  步骤 2 Interface interface-id 输入想要加入 VLAN 的 interface id。
  步骤 3 switchport mode access 定义该接口的 VLAN 成员类型(二层 Access 口)。
  步骤 4 switchport access vlan vlan-id 将这个口分配给一个 VLAN。
  步骤 5 end 回到特权命令模式。
  步骤 6 show interfaces interface-id switchport 检查接口的完整信息。
  步骤 7 copy running-config startup config（可选）将配置保存进配置文件。
下面这个例子把 ethernet 0/10 作为 Access 口加入了 VLAN 20：
Switch# configure terminal
Switch(config)# interface fastethernet0/10
Switch(config-if)# switchport mode access
Switch(config-if)# switchport access vlan 20
Switch(config-if)# end
下面这个例子显示了如何检查配置是否正确：
Switch# show interfaces fastethernet0/1 switchport
Interface Switchport Mode Access Native Protected VLAN lists
- - - - - - - - - - - - - - - - - - -
Fa0/1 Enabled Access 1 1 Enabled All

四、配置 VLAN Trunks

一个 Trunk 是连接一个或多个以太网交换接口和其他的网络设备（如路由器或交换机）的点对点链路，一个 Trunk 可以在一条链路上传输多个 VLAN 的流量。

锐捷交换机的 Trunk 采用 802.1Q 标准封装，您可以把一个普通的以太网端口，或者一个 Aggregate Port 设为一个 Trunk 口。

如果要把一个接口在 ACCESS 模式和 TRUNK 模式之间切换，请用 Switchport Mode 命令完成：

switchport mode access [vlan vlan-id]将一个接口设置成为 Access 模式。

switchport mode trunk 将一个接口设置成为 Trunk 模式。

作为 Trunk，这个口要属于一个 native VLAN。所谓 native VLAN，就是指在这个接口上收发的 UNTAG 报文，都被认为是属于这个 VLAN 的。显然，这个接口的缺省 VLAN ID（即 IEEE 802.1Q 中的 PVID）就是 native VLAN 的 VLAN ID。同时，在 Trunk 上发送属于 native VLAN 的帧，则必然采用 UNTAG 的方式。

每个 Trunk 口的缺省 native VLAN 是 VLAN 1。在配置 Trunk 链路时，请确认连接链路两端的 Trunk 口属于相同的 native VLAN。

1）配置一个 Trunk 口

一个接口缺省工作在第二层模式，一个二层接口的缺省模式是 Access 口。

在特权模式下，利用如下步骤可以将一个接口配置成一个 Trunk 口：

步骤 1　configure terminal 进入全局配置模式。

步骤 2　interface interface-id 输入想要配成 Trunk 口的 interface id。

步骤 3　switchport mode trunk 定义该接口的类型为二层 Trunk 口。

步骤 4　switchport trunk native vlan vlan-id 为这个口指定一个 native VLAN。

步骤 5　end 回到特权命令模式。

步骤 6　show interfaces interface-id switchport 检查接口的完整信息。

步骤 7　show interfaces interface-id trunk 显示这个接口的 Trunk 设置。

步骤 8　copy running-config startup config（可选)将配置保存进 startup config 文件。

如果想把一个 Trunk 口的所有 Trunk 相关属性都复位成缺省值，请使用 no switchport trunk 接口配置命令。

2）定义 Trunk 口的许可 VLAN 列表

一个 Trunk 口缺省可以传输本交换机支持的所有 VLAN（1～4094）的流量。但是，也可以通过设置 Trunk 口的许可 VLAN 列表来限制某些 VLAN 的流量不能通过这个 Trunk 口。

在特权模式下，利用如下步骤可以修改一个 Trunk 口的许可 VLAN 列表：

步骤 1　configure terminal 进入全局配置模式。

步骤 2　interface interface-id 输入想要修改许可 VLAN 列表的 Trunk 口的 interface id。

步骤 3　switchport mode trunk 定义该接口的类型为二层 Trunk 口。

步骤 4　switchport trunk allowed vlan { all | [add | remove | except]} vlan-list（可选）配置这个 Trunk 口的许可 VLAN 列表。参数 vlan-list 可以是一个 VLAN，也可以是一系列 VLAN，以小的 VLAN ID 开头，以大的 VLAN ID 结尾，中间用"-"号连接。如：10-20。

all 的含义是许可 VLAN 列表包含所有支持的 VLAN。
add 表示将指定 VLAN 列表加入许可 VLAN 列表。
remove 表示将指定 VLAN 列表从许可 VLAN 列表中删除。
except 表示将除列出的 VLAN 列表外的所有 VLAN 加入许可 VLAN 列表。
您不能将 VLAN 1 从许可 VLAN 列表中移出。
步骤 5　end 回到特权命令模式。
步骤 6　show interfaces interface-id switchport 检查接口的完整信息。
步骤 7　copy running-config startup config（可选）将配置保存进配置文件。

如果想把 Trunk 的许可 VLAN 列表改为缺省的许可所有 VLAN 的状态，请使用 no switchport trunk allowed vlan 接口配置命令。

下面是一个把 VLAN 2 从端口 0/15 中移出的例子：
Switch(config)#　interface fastethernet0/15
Switch(config-if)#　switchport trunk allowed vlan remove 2
Switch(config-if)#　end
Switch#　show interfaces fastethernet0/15 switchport
Interface Switchport Mode Access Native Protected VLAN lists
- -
Fa0/15 Enabled Trunk 1 1 Enabled 1,3-4094

3）配置 Native VLAN

一个 Trunk 口能够收发 TAG 或者 UNTAG 的 802.1Q 帧。其中 UNTAG 帧用来传输 Native VLAN 的流量。缺省的 Native VLAN 是 VLAN 1。

在特权模式下，利用如下步骤可以为一个 Trunk 口配置 Native VLAN：
步骤 1　configure terminal 进入全局配置模式。
步骤 2　interface interface-id 输入配置 Native VLAN 的 Trunk 口的 interface id。
步骤 3　switchport trunk native vlan vlan-id 配置 Native VLAN。
步骤 4　end 回到特权命令模式。
步骤 5　show interfaces interface-id switchport 验证配置。
步骤 6　copy running-config startup config（可选）将配置保存进配置文件。

如果想把 Trunk 的 Native VLAN 列表改回缺省的 VLAN 1，请使用 no switchport trunk native vlan 接口配置命令。

如果一个帧带有 Native VLAN 的 VLAN ID，在通过这个 Trunk 口转发时，会自动被剥夺 TAG。

当把一个接口的 native VLAN 设置为一个不存在的 VLAN 时，交换机不会自动创建此 VLAN。此外，一个接口的 native VLAN 可以不在接口的许可 VLAN 列表中。此时，native VLAN 的流量不能通过该接口。

4）显示 VLAN

在特权模式下才可以查看 VLAN 的信息。显示的信息包括 VLAN vid、VLAN 状态、VLAN 成员端口以及 VLAN 配置信息。

以下罗列了相关的显示命令：show vlan[id vlan-id]

下面是一个显示 VLAN 的例子：

```
Switch#  show vlan
VLAN Name Status Ports
- - - - - - - - - - - - - - - - - - - - - - - - - -
1 default active Fa0/1, Fa0/2, Fa0/3, Fa0/4
Fa0/6, Fa0/7, Fa0/8, Fa0/9
Fa0/10, Fa0/11, Fa0/12, Fa0/13
Fa0/14, Fa0/15, Fa0/16, Fa0/17
Fa0/18, Fa0/19, Fa0/20, Fa0/21
Fa0/22, Fa0/23, Fa0/24, Gi0/1
Gi0/2
2 VLAN0002 active Fa0/5
4 VLAN0004 active
5 VLAN0005 active
Switch#  show vlan id 2
VLAN Name Status Ports
- - - - - - - - - - - - - - - - - - - - - - - - - -
2 VLAN0002 active Fa0/5
```

第二节　管理交换网络中的冗余链路

一、生成树协议概述

对二层以太网来说，两个 LAN 间只能有一条活动着的通路，否则就会产生广播风暴。但是为了加强一个局域网的可靠性，建立冗余链路又是必要的，其中的一些通路必须处于备份状态，如果当网络发生故障，另一条链路失效时，冗余链路就必须被提升为活动状态。

手工控制这样的过程显然是一项非常艰苦的工作，STP 协议就自动地完成了这项工作。它能使一个局域网中的交换机起到下面的作用：发现并启动局域网的一个最佳树型拓扑结构；发现故障并随之进行恢复，自动更新网络拓扑结构，使在任何时候都选择可能的最佳树型结构。

局域网的拓扑结构是根据管理员设置的一组网桥配置参数自动进行计算的，使用这些参数能够生成最好的一棵拓扑树。只有配置得当，才能得到最佳的方案。

RSTP 协议完全向下兼容 802.1d STP 协议，除了和传统的 STP 协议一样具有避免回路、提供冗余链路的功能外，最主要的特点就是"快"。如果一个局域网内的网桥都支持 RSTP 协议且管理员配置得当，一旦网络拓扑改变而要重新生成拓扑树只需要不超过 1s 的时间（传统的 STP 需要大约 50s）。

要生成一个稳定的树型拓扑网络需要依靠以下元素：

(1)每个网桥唯一的桥 ID(Bridge ID)，由桥优先级和 Mac 地址组合而成。

(2)网桥到根桥的路径花费(Root Path Cost)，以下简称根路径花费。

(3)每个端口 ID(Port ID)，由端口优先级和端口号组合而成。

网桥之间通过交换 BPDU(Bridge Protocol Data Units,网桥协议数据单元)帧来获得建立最佳树形拓扑结构所需要的信息。这些帧以组播地址 01-80-C2-00-00-00(十六进制)为目的地址。

每个 BPDU 由以下要素组成:
(1)Root Bridge ID(本网桥所认为的根桥 ID)。
(2)Root Path cost(本网桥的根路径花费)。
(3)Bridge ID(本网桥的桥 ID)。
(4)Message age(报文已存活的时间)。
(5)Port ID(发送该报文端口的 ID)。
(6)Forward-Delay Time、Hello Time、Max-Age Time 三个协议规定的时间参数。
(7)其他一些诸如表示发现网络拓扑变化、本端口状态的标志位。

当网桥的一个端口收到高优先级的 BPDU(更小的 Bridge ID,更小的 Root Path Cost 等),就在该端口保存这些信息,同时向所有端口更新并传播信息。如果收到比自己优先级低的 BPDU,网桥就丢弃该信息。

这样的机制就使高优先级的信息在整个网络中传播开,BPDU 的交流就有了下面的结果:
网络中选择了一个网桥为根桥(Root Bridge)。
除根桥外的每个网桥都有一个根口(Root Port),即提供最短路径到 Root Bridge 的端口。
每个网桥都计算出了到根桥(Root Bridge)的最短路径。
每个 LAN 都有了指派网桥(Designated Bridge),位于该 LAN 与根桥之间的最短路径中。指派网桥和 LAN 相连的端口称为指派端口(Designated Port)。
根口(Root Port)和指派端口(Designated Port)进入 Forwarding 状态。
其他不在生成树中的端口就处于 Discarding 状态。

1)Bridge ID

按 IEEE 802.1w 标准规定,每个网桥都要有单一的网桥标识(Bridge ID),生成树算法中就是以它为标准来选出根桥(Root Bridge)的。Bridge ID 由八个字节组成,后六个字节为该网桥的 MAC 地址,前两个字节中前 4bit 表示优先级(Priority),后 8 bit 表示 System ID,为以后扩展协议而用,在 RSTP 中该值为 0,因此给网桥配置优先级就要是 4096 的倍数。

2)Spanning-Tree Timers(生成树的定时器)

以下描述影响到整个生成树性能的三个定时器。
Hello Timer:定时发送 BPDU 报文的时间间隔。
Forward-Delay Timer:端口状态改变的时间间隔。当 RSTP 协议以兼容 STP 协议模式运行时,端口从 Listening 转向 Learning,或者从 Learning 转向 Forwarding 状态的时间间隔。
Max-Age Time:BPDU 报文消息生存的最长时间。当超出这个时间,报文消息将被丢弃。

3)Port Roles and Port States

每个端口都在网络中扮演一个角色(Port Role),用来体现在网络拓扑中的不同作用。
Root Port:提供最短路径到根桥(Root Bridge)的端口。
Designated Port:每个 LAN 通过该口连接到根桥。
Alternate Port:根口的替换口,一旦根口失效,该口就立该变为根口。
Backup Port:Designated Port 的备份口,当一个网桥有两个端口都连在一个 LAN 上,那么高优先级的端口为 Designated Port,低优先级的端口为 Backup Port。

Disable Port:当前不处于活动状态的口,即 operState 为 down 的端口都被分配了这个角色。

图 5-1 为各个端口角色的示意图 R1w-2-1、R1w-2-2、R1w-2-3:
R＝Root Port D＝Designated Port A＝Alternate Port B＝Backup Port

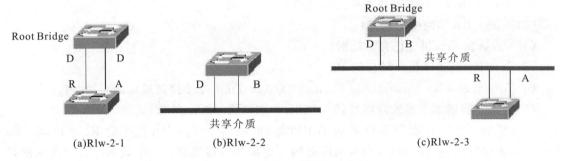

(a)R1w-2-1　　　(b)R1w-2-2　　　(c)R1w-2-3

图 5-1　各个端口角色的示意图

在没有特别说明的情况下,端口优先级从左到右递减。

每个端口有三个状态(Port State)来表示是否转发数据包,从而控制着整个生成树拓扑结构。

Discarding:既不对收到的帧进行转发,也不进行源 MAC 地址学习。

Learning:不对收到的帧进行转发,但进行源 MAC 地址学习,这是个过渡状态。

Forwarding:既对收到的帧进行转发,也进行源 MAC 地址的学习。

对一个已经稳定的网络拓扑,只有 Root Port 和 Designated Port 才会进入 Forwarding 状态,其他端口都只能处于 Discarding 状态。

现在就可以说明 STP、RSTP 协议是如何把杂乱的网络拓扑生成一个树型结构了。如图 5-2(R1w-3-1)所示,假设 Switch A、Switch B、Switch C 的 Bridge ID 是递增的,即 Switch A 的优先级最高。A 与 C 间是千兆链路,A 和 B 间为百兆链路,B 和 C 间为十兆链路。Switch A 作为该网络的骨干交换机,对 Switch B 和 Switch C 都作了链路冗余,显然,如果让这些链路都生效是会产生广播风暴的。

而如果这三台 Switch 都打开了 Spanning Tree 协议,它们通过交换 BPDU 选出根桥(Root Bridge)为 Switch A。Switch B 发现有两个端口都连在 Switch A 上,它就选出优先级最高的端口为 Root Port,另一个端口就被选为 Alternate Port。而 Switch C 发现它既可以通过 B 到 A,也可以直接到 A,但由于交换机通过计算发现:通过 B 到 A 的链路花费(Path Cost)比直接到 A 的低,于是 Switch C 就选择了与 B 相连的端口为 Root Port,与 A 相连的端口为 Alternate Port。都选择好端口角色(Port Role)了,就进入各个端口相应的状态,于是就生成了相应的图 5-3 所示的情况(R1w-3-2)。

如果 Switch A 和 Switch B 之间的活动链路出了故障,那备份链路就会立即产生作用,于是就生成了相应的图 5-4 所示的情况(R1w-3-3)。

如果 Switch B 和 Switch C 之间的链路出了故障,那 Switch C 就会自动把 Alternate Port 转为 Root Port,就生成了图 5-5(R1w-3-4)所示的情况。

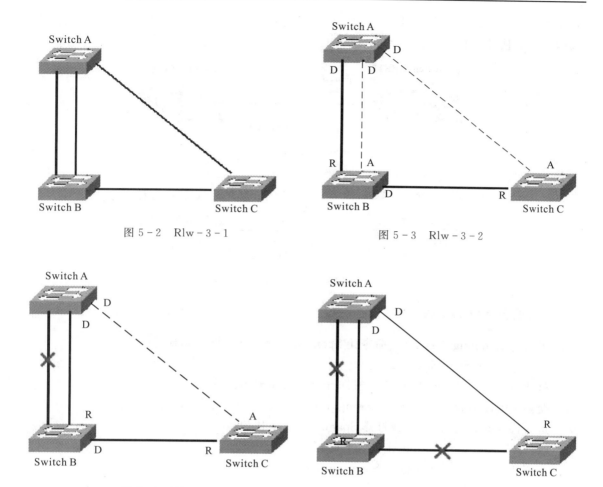

图 5-2 Rlw-3-1　　　　图 5-3 Rlw-3-2

图 5-4 Rlw-3-3　　　　图 5-5 Rlw-3-4

RSTP 协议可以与 STP 协议完全兼容,RSTP 协议会根据收到的 BPDU 版本号来自动判断与之相连的网桥是支持 STP 协议还是支持 RSTP 协议,如果是与 STP 网桥互连就只能按 STP 的 Forwarding 方法,过 30s 再 Forwarding,无法发挥 RSTP 的最大功效。

另外,RSTP 和 STP 混用还会遇到这样一个问题。如图 5-6 所示,Switch A 是支持 RSTP 协议的,Switch B 只支持 STP 协议,它们俩互连,Switch A 发现与它相连的是 STP 桥,就发 STP 的 BPDU 来兼容它。但如果换成 Switch C(图 5-7),它支持 RSTP 协议,但 Switch A 却依然在发 STP 的 BPDU,这样使 Switch C 也认为与之互连的是 STP 桥了,结果两台支持 RSTP 的交换机却以 STP 协议来运行,大大降低了效率。

为此,RSTP 协议提供了 protocol-migration 功能来强制发 RSTP BPDU,这样 Switch A

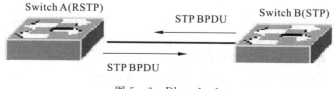

图 5-6 Rlw-1-1

强制发了 RSTP BPDU,Switch C 就发现与之互连的网桥是支持 RSTP 的,于是两台交换机就都以 RSTP 协议运行了(图 5-8)。

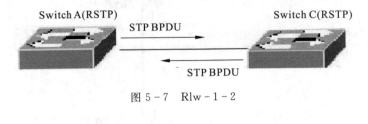

图 5-7　Rlw-1-2

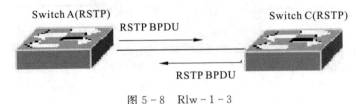

图 5-8　Rlw-1-3

二、配置 STP、RSTP

可通过 spanning-tree reset 命令让 Spanning Tree 参数恢复到缺省配置。

1)打开、关闭 Spanning Tree 协议

打开 Spanning Tree 协议,交换机即开始运行生成树协议。

交换机的缺省状态是关闭 Spanning Tree 协议。

进入特权模式,按以下步骤打开 Spanning Tree 协议:

步骤 1　configure terminal 进入全局配置模式。

步骤 2　spanning-tree 打开 Spanning tree 协议。

步骤 3　end 退回到特权模式。

步骤 4　show spanning-tree 核对配置条目。

步骤 5　copy running-config startup-config 保存配置。

如果您要关闭 Spanning Tree 协议,可用 no spanning-tree 全局配置命令进行设置。

2)配置交换机优先级(Switch Priority)

设置交换机的优先级关系着到底哪个交换机为整个网络的根,同时也关系到整个网络的拓扑结构。建议管理员把核心交换机的优先级设得高些(数值小),这样有利于整个网络的稳定。

优先级的设置值有 16 个,都为 4096 的倍数,分别是 0,4096,8192,12288,16384,20480,24576,28672,32768,36864,40960,45056,49152,53248,57344,61440。缺省值为 32768。

进入特权模式,按以下步骤配置交换机优先级:

步骤 1　configure terminal 进入全局配置模式。

步骤 2　spanning-tree priority priority 配置交换机的优先级,取值范围为 0～61440,按 4096 的倍数递增,缺省值为 32 768。

步骤 3　end 退回到特权模式。

步骤 4　show spanning-tree 核对配置条目。

步骤 5　copy running-config startup-config 保存配置。

如果要恢复到缺省值,可用 no spanning-tree priority 全局配置命令进行设置。

3) 配置端口优先级(Port Priority)

当有两个端口都连在一个共享介质上,交换机会选择一个高优先级(数值小)的端口进入 Forwarding 状态,低优先级(数值大)的端口进入 Discarding 状态。如果两个端口的优先级一样,就选端口号小的那个进入 Forwarding 状态。

和交换机的优先级一样,可配置的优先级值也有 16 个,都为 16 的倍数,分别是 0,16,32,48,64,80,96,112,128,144,160,176,192,208,224,240。缺省值为 128。

进入特权模式,按以下步骤配置端口优先级:

步骤 1   configure terminal 进入全局配置模式。

步骤 2   interface interface-id 进入该 interface 的配置模式,合法的 interface 包括物理端口和 Aggregate Link。

步骤 3   spanning-tree port-priority priority 配置该 interface 的优先级,取值范围为 0~240,按 16 的倍数递增,缺省值为 128。

步骤 4   end 退回到特权模式。

步骤 5   copy running-config startup-config 保存配置。

如果要恢复到缺省值,可用 no spanning-tree port-priority 接口配置命令进行设置。

4) 配置端口的路径花费(Path Cost)

交换机是根据哪个端口到根桥(Root Bridge)的 Path Cost 总和最小而选定 Root Port 的,因此 Port Path Cost 的设置关系到本交换机的 Root Port。它的缺省值是按 interface 的链路速率(the Media Speed)自动计算的,速率高的花费小。如果管理员没有特别需要可不必更改它,因为这样算出的 Path Cost 最科学。

进入特权模式,按以下步骤配置端口路径花费:

步骤 1   configure terminal 进入全局配置模式。

步骤 2   interface interface-id 进入该 interface 的配置模式,合法的 interface 包括物理端口和 Aggregate Link。

步骤 3   spanning-tree cost cost 配置该端口上的花费,取值范围为 1~200 000 000。缺省值为根据 interface 的链路速率自动计算。

步骤 4   end 退回到特权模式。

步骤 5   copy running-config startup-config 保存配置。

如果要恢复到缺省值,可用 no spanning-tree cost 接口配置命令进行设置。

5) 配置 Path Cost 的缺省计算方法(Path Cost Method)

当该端口 Path Cost 为缺省值时,交换机会自动根据端口速率计算出该端口的 Path Cost。但 IEEE 802.1d 和 IEEE 802.1t 对相同的链路速率规定了不同 Path Cost 值,802.1d 的取值范围是短整型(short)(1~65 535),802.1t 的取值范围是长整型(long)(1~200000000)。请管理员一定要统一好整个网络内 Path Cost 的标准,缺省模式为长整型模式(IEEE 802.1t 模式)。

进入特权模式,按以下步骤配置端口路径花费的缺省计算方法:

步骤 1   configure terminal 进入全局配置模式。

步骤 2   spanning-tree pathcost method long/short 配置端口路径花费的缺省计算方法,设置值为长整型(long)或短整型(short),缺省值为长整型(long)。

步骤 3 end 退回到特权模式。

步骤 4 copy running-config startup-config 保存配置。

如果要恢复到缺省值,可用 no spanning-tree pathcost method 全局配置命令进行设置。

6) 配置 Hello Time

配置交换机定时发送 BPDU 报文的时间间隔。缺省值为 2s。

进入特权模式,按以下步骤配置 Hello Time:

步骤 1 configure terminal 进入全局配置模式。

步骤 2 spanning-tree hello-time seconds 配置 Hello Time,取值范围为 1～10s,缺省值为 2s。

步骤 3 end 退回到特权模式。

步骤 4 copy running-config startup-config 保存配置。

如果要恢复到缺省值,可用 no spanning-tree hello-time 全局配置命令进行设置。

7) 配置 Forward-Delay Time

配置端口状态改变的时间间隔。缺省值为 15s。

进入特权模式,按以下步骤配置 Forward-Delay Time:

步骤 1 configure terminal 进入全局配置模式。

步骤 2 spanning-tree forward-time seconds 配置 Forward-Delay Time,取值范围为 4～30 秒,缺省值为 15s。

步骤 3 end 退回到特权模式。

步骤 4 copy running-config startup-config 保存配置。

如果要恢复到缺省值,可用 no spanning-tree forward-time 全局配置命令进行设置。

8) 配置 Max-Age Time

配置 BPDU 报文消息生存的最长时间。缺省值为 20s。

进入特权模式,按以下步骤配置 Max-Age Time:

步骤 1 configure terminal 进入全局配置模式。

步骤 2 spanning-tree max-age seconds 配置 Max-Age Time,取值范围为 6～40s,缺省值为 20s。

步骤 3 end 退回到特权模式。

步骤 4 copy running-config startup-config 保存配置。

如果要恢复到缺省值,可用 no spanning-tree max-age 全局配置命令进行设置。

9) 配置 Tx-Hold-Count

配置每秒钟最多发送的 BPDU 个数,缺省值为 3 个。

进入特权模式,按以下步骤配置 Tx-Hold Count:

步骤 1 configure terminal 进入全局配置模式。

步骤 2 spanning-tree tx-hold-count numbers 配置每秒最多发送 BPDU 个数,取值范围为 1～10 个,缺省值为 3 个。

步骤 3 end 退回到特权模式。

步骤 4 copy running-config startup-config 保存配置。

10) 配置 Link-Type

配置该端口的连接类型是不是"点对点连接"，这一点关系到 RSTP 是否能快速地收敛。当不设置该值时，交换机会根据端口的"双工"状态来自动设置，全双工的端口可设 Link-Type 为 point-to-point，半双工可设为 shared。也可以强制设置 Link-Type 来决定端口的连接是不是"点对点连接"。

进入特权模式，按以下步骤配置端口的 Link-Type：
步骤 1　configure terminal 进入全局配置模式。
步骤 2　interface interface-id 进入该 interface 的配置模式，合法的 interface 包括物理端口和 Aggregate Link。
步骤 3　spanning-tree link-type point-to-point/shared 配置该 interface 的连接类型，缺省值为根据端口"双工"状态来自动判断是不是"点对点连接"。
步骤 4　end 退回到特权模式。
步骤 5　copy running-config startup-config 保存配置。
如果要恢复到缺省值，可用 no spanning-tree link-type 接口配置命令进行设置。

11) 配置 Protocol Migration 处理
该设置是让该端口强制发 RSTP BPDU，强制进行版本检查。
可以在普通用户模式下用 clear spanning-tree detected-protocols 对所有端口强制进行版本检查，也可以用 clear spanning-tree detected-protocols interface interface-id 针对一个端口进行版本检查。

12) STP、RSTP 信息显示
show spanning-tree 显示 Spanning Tree 的全局信息。
show spanning-tree interface interface-id 显示指定 interface 的信息。
其中 show spanning-tree 显示出：
Switch# sh sp
SysStpStatus : Enabled
BridgeAddr : ffff.ffff.f7ff
BaseNumPorts : 24
StpPriority : 32768
StpTimeSinceTopologyChange : 0d:0h:25m:48s
StpTopologyChanges : 0
StpDesignatedRoot :80000008A3731040
StpRootCost : 2000000
StpRootPort : Fa0/18
StpMaxAge : 20
StpHelloTime : 2
StpForwardDelay : 15
StpBridgeMaxAge : 20
StpBridgeHelloTime : 2
StpBridgeForwardDelay : 15
StpTxHoldCount : 3

StpPathCostMethod：Long
StpBPDUGuard：Disabled
StpBPDUFilter：Disabled
show spanning-tree interface interface-id 将显示出：
Switch# sh sp int f 0/18
StpPortPriority：128
StpPortState：forwarding
StpPortDesignatedRoot：80000008A3731040
StpPortDesignatedCost：0
StpPortDesignatedBridge：80000008A3731040
StpPortDesignatedPort：8002
StpPortForwardTransitions：1
StpPortAdminPathCost：0
StpPortOperPathCost：2000000
StpPortRole：rootPort
StpPortAdminPortfast：Disabled
StpPortOperPortfast：Disabled
StpPortAdminLinkType：auto
StpPortOperLinkType：shared
StpPortBPDUGuard: Disabled
StpPortBPDUFilter: Disabled

第六章 网络间路由选择

第一节 广域网基本技术

一、广域网服务

广域网(WAN)是一种跨地区的数据通信网络,通常利用公共远程通信设施为用户提供远程用户之间的快速信息交换。公共远程通信设施是由特定部门组建和管理,并向用户提供网络通信服务的计算机通信网络。目前,该计算机通信网络使用的技术有 DDN 数字数据网络、ISDN 网络、帧中继和 ATM 网络。

构建广域企业网和构建局域企业网不同,构建局域网必须由企业完成传输网络的建设,传输网络的传输速率可以很高,如吉比特以太网。但构建广域网由于受各种条件的限制,必须借助公共传输网络,通过公共传输网络实现远程之间的信息传输与交换。因此,设计广域网的前提在于掌握各种公共传输网络的特性,以及公共传输网络和用户网络之间的互连技术。

目前,提供公共传输网络服务的单位主要是电信运营部门,随着电信营运市场的开放,用户可能有较多的选择余地来选择公共传输网络的服务提供者。

与局域网相比,广域网的特点非常明显,主要表现在以下几个方面。

(1)在地理覆盖范围上,广域网至少在上百千米以上,远远超出局域网通常为几千米到几十千米的小覆盖范围。

(2)在设计目标上,广域网是为了用于互连广大地理范围内的局域网,而局域网主要是为了实现小范围内的资源共享而设计的。

(3)在传输方式上,广域网为了实现远距离通信,通常要采用载波形式的频带传输或光传输,而局域网则采用数字化的基带传输。

(4)与局域网的专有性不同,广域网通常由公共通信服务部门来建设和管理,他们利用各自的广域网资源向用户提供收费的广域网数据传输服务,所以又被称为网络服务提供商,用户如需要此类服务,需要向广域网的服务提供商提出申请。

(5)在网络拓扑结构上,广域网更多地采用网状拓扑。其原因在于广域网的地理覆盖范围广,因此网络中两个节点在进行通信时,数据一般要经过较长的通信线路和较多的中间节点,这样中间节点设备的处理速度、线路的质量以及传输环境的噪声都会影响广域网的可靠性。而采用基于网状拓扑的网络结构,可以大大提高广域网链路的容错性。

常见的广域网设备包括路由器、广域网交换机、调制解调器和通信服务器等,其中路由器属于网络层的互连设备,它可以实现不同网络之间的互连。

广域网服务按其实现方式的不同可分为专线服务、线路交换服务和包交换服务三种基本形式。

专线服务方式可以为用户提供永久的专用连接,这种服务不管用户是否有数据在线路上传送都要为专线付租用费,故又被称为租用线。可靠的连接性能和相对较高的租用费使得专线一般只被用于 WAN 的核心连接或 LAN 和 LAN 之间的长期固定连接。

线路交换又称为电路交换,这种服务方式在每次通信时都要首先在网络中建立一条物理连接,并在用户数据传输完毕后拆除所建立的连接。传统的电话网络就属于典型的线路交换网络,而在传统电话网络上实现的数字传输服务 ISDN 也属于线路交换服务。

与线路交换服务不同,包交换服务是将待传输的数据分成若干个等长或不等长的数据传输单元来进行独立传输的一种服务方式。在包交换网络中,网络线路为所有的数据包或数据帧所共享,交换设备为这些包或帧选择一条合适的路径将其传送到目的地,若信道没有空闲,则交换设备会将待转发的数据包或数据帧暂时缓存起来。下面要介绍的帧中继和 ATM 都属于包交换服务的范畴。

根据实现技术的不同,广域网可以提供从 kbps 到 Gbps 数量级的不同传输带宽。常见的广域网传输带宽如表 6-1 所示,其中传输速率最低的为传统电话线上实现的广域网服务,只有 56kbps,而在基于光纤实现的广域网中,OC-192 的传输速率可达到 10Gbps。

表 6-1 典型的广域网传输带宽

线路类型	信号标准	传输速率
56	DS0	56kbps
64	DS0	64kbps
T1	DS1	1.544Mbps
E1	ZM	2.048Mbps
E3	M3	34.064Mbps
OC-3	SONET	155.54Mbps
OC-12	SONET	622.08Mbps
OC-24	SONET	1244.16Mbps
OC-192	SONET	10Gbps

二、广域网常见接口类型

物理层包含几种不同类型的接口,这些可以由使用的协议规定,或者由供应商的私有规范规定。接口用于连接数据终端设备(DTE)和数据电路端接设备(DCE),DTE 是类似路由器和服务器这样的网络节点。DCE 是网络互连设备,例如数据包交换机,一般由载波所拥有,它提供时钟和交换。

1. RS-232

RS-232 是 EIA(电子工业联合会)系列端口接口标准。在 RS-232 系列端口中,用一针来传送数据,另一个针接收数据,剩下的针用于在串联设备之间建立和保持通信。有 25 针(DB-25)和 9 针(DB-9)两种形式。电缆介质必须进行配置,以使每根线传送和接收期望的数据类型。RS-232 电缆,其速率为 19.2kbps,必须配置,以正确连接 DCE 和 DTE 设备。对不符合标准的电缆,必须提供独特的插脚引线表。

2. V.35

ITU-T(国际电信同盟-电信标准化部)创建了完整的 V.xx 系列标准。V.35 标准是一个物理层协议,它适合速度超过 48kbps,甚至 4Mbps 的到数据包网络的连接。这个标准规定了同步通信。

3. HSSI

ISO 和 ITU-T 现在都在考虑 HSSI(高速串行接口)的标准化。HSSI 是一个 DTE/DCE 接口,它处理在广域网链路上的高速通信问题。这是一个点对点连接的物理层规范,它运行的速度超过 52Mbps,使用屏蔽双绞线铜缆。

4. BRI 接口

BRI(基本速率接口)是一个 ISDN(综合业务数字网)术语,用于一个包含 2 个通道的 ISDN 连接,其中 B 信道速率为 64kbps,D 信道为 16kbps。终端适配器是一个类似调制解调器的设备,用于将 DTE 设备连接到 ISDN 回路上。ITU-T 的 BRI 的物理层标准规范包括 B 信道的数据传输、发信号、帧控制和其他 D 信道上的日常控制信息。

5. 网络时钟

同步网络计时是在 OSI 参考模型的物理层处理的。网络比特流的时钟可以改善吞吐量,而且对于广域网是必需的。时钟规范包含在帧格式和接口标准定义的控制机制中。

三、广域网协议

广域网主要工作于 OSI 模型的下面三层,即物理层、数据链路层和网络层,图 6-1 所示为广域网和 OSI 参考模型之间的关系。但是,由于目前网络层普遍采用了 IP 协议,因此广域网技术或标准也开始转向关注物理层和数据链路层的功能及其实现方法。因此,与局域网技术相似,不同广域网技术的差异也在于它们在物理层和数据链路层实现方式的不同。

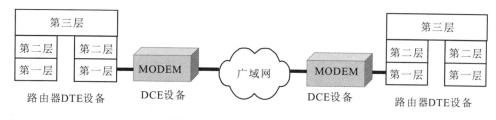

图 6-1 广域网连接示意图

广域网的物理层协议主要提供面向广域网的服务,描述电气、机械、规程和功能特性,包括定义 DTE(数据终端设备,指在计算机网络中的信源与信宿)和 DCE(数据线路端接设备,即为 DTE 提供入网的连接点)的接口。在广域网中,用户端用于连入广域网的路由器设备属于 DTE 设备,而调制解调器则属于 DCE 设备。

广域网的数据链路层则定义了数据如何进行帧的封装以通过广域网链路传输到远程节

点。下面我们将介绍广域网中常用的封装协议和一些典型的广域网技术。

1. 点到点协议

SLIP(串行线网际协议)是一个合法的 UNIX 物理层协议,以在两个网络之间或网络和远程节点之间提供串行连接。因为串行连接设备和接口的统一性,例如 RS-232 接口,采用了 SLIP。

PPP 用于解决 SLIP 的缺点和满足标准 Internet 封装协议的需要。PPP(点对点协议)是 SLIP 的下一代,但是可以在物理层和数据链路层上工作。PPP 包括增强功能,例如密码术、差错控制、安全保障、动态 IP 地址、多重协议支持和自动连接协商。PPP 可以在串行线、ISDN 和高速广域网链路上使用。PPP 数据帧如图 6-2 所示。

标志 01111110	地址 11111111	控制 00000011	协议 标识协议的2字节	数据 最大1500字节	帧校验序列,用于错误处理的2或4字节字段

图 6-2 PPP 数据帧格式

除了数据帧之外,PPP 还使用其他类型的帧。LCP(链接控制协议)帧用于建立和配置连接。一个 NCP(网络控制协议)帧用于选择和配置网络层协议。显式的 LCP 帧用于结束链路。HDLC 规定了一个帧的开头(即首部中的第一个字节)和结尾(即尾部中的最后一个字节)各放入一个特殊的标记,作为一个帧的边界,如图 6-3 所示。这个标记就叫做标志字段 F。标志字段 F 为六个连续 1 加上两边各一个 0 共八位。地址字段 A 也是八个比特,它一般被写入次站的地址。帧校验序列 FCS 字共占 16 位,采用 CRC-CCITT 生成多项式。控制字段共八位,是最复杂的字段,HDLC 的许多重要功能都要靠控制字段来实现。根据其前面两个比特的取值,可将 HDLC 的许多帧划分为三大类,即信息帧、监督帧和无编号帧。

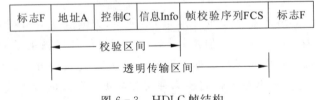

图 6-3 HDLC 帧结构

2. ISDN

综合业务数字网是由 ITU-T 标准化的。它是作为一个将公用交换电话网(PSTN)升级到数字服务的项目而开发的。传输介质的物理规范是铜电缆。

ISDN 有几个部分,如图 6-4 所示。有终端设备、网络终端和下列类型的适配器。

当定购 ISDN 时,用户通常可以在 BR(Basic Rate,基本速率)、PR(Primary Rate,主速率)和混合之间进行选择,分别由不同的数字通道构成这三种配置。这些可用的数字通道为:

(1) A 模拟电话,4kHz。

(2) B 数字数据,64kbps。

(3) C 带外数字,8kbps 或 16kbps。

(4) D 带外数字,16kbps 或 64kbps,有三个子信道:s(signaling,信令)、t(telemetry,遥测

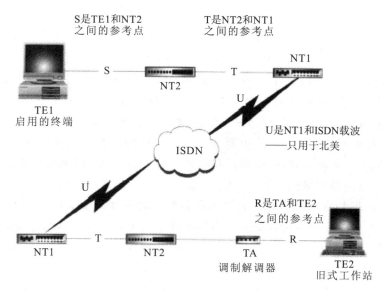

图 6-4 ISDN 设备连接

TE1. 终端设备（Terminal Equipment）类型 1 ISDN 终端；TE2. 终端设备类型 2 前 ISDN 类型终端；NT1. 网络终端类型 1 连接下标 4 的线到下标 2 的线的本地回路；NT2. 网络终端类型 2 执行数据链路和网络层的协议功能的设备；TA. 终端适配器和前 ISDN 终端（TE2）一起使用，以使其适应 ISDN 连接

和 p(packet data, 数据包数据)。

（5）E 内部 ISDN 信令数字信道，64kbps。

（6）H 数字信道，速率为 384kbps、1536kbps 或 1920kbps。

BR 包括两个 B 信道和一个 D 信道，在有控制信息的情况下，其有效的位速率为 192kbps。PR 包括一个 D 信道和 23 个 B 信道，其带宽为 1.544Mbps。在欧洲，PR 具有一个 D 信道和 30 个 B 信道。混合是一个 A 信道和一个 C 信道的组合。

注意，LAPD（D 信道的链路访问程序）是一个发信号的协议，用于在数据链路层上为 ISDN BRI 建立 ISDN 呼叫。

3. HDLC 协议

HDLC 采用 SDLC 的帧格式，支持同步、全双工操作，却不能支持 ISO HDLC 的流量控制，是不可靠的连接，封装该协议后的可靠连接由上层完成，HDLC 具有效率高、实现简单的特点，是点到点链路协议。

说明：可靠连接是指数据通讯过程中采用报文确认的机制，如果丢包则重传，超时则断连。点到点协议是指通讯的主体之间是一一对应的关系，能够通讯的设备不构成一对多的关系，支持点到点协议的还有 PPP 协议、SLIP 协议，而点到多点的有 X.25、Frame-Relay。

HDLC 工作原理可以从协商建立连接、传输报文、超时断连三个阶段来看。

协商建立连接过程：HDLC 每隔 10s 互相发送链路探测的协商报文，报文的收发顺序是由序号决定的，序号失序则造成链路断连。这种用来探询点到点链路是否为激活状态的报文称之为 KeepAlive 报文。

传输报文过程：将 IP 报文封装在 HDLC 层上，数据传输过程中，仍然进行 KeepAlive 的报文协商以探测链路是否合法有效。

超时断连阶段:当封装 HDLC 的接口连续 10 次无法收到对方对自己的递增序号的确认时,HDLC 协议 Line Protocol 由 Up 向 Down 转变。此时链路处于瘫痪状态,数据无法通讯。

4. 帧中继

帧中继广泛用于符合 ITU-T 标准的数据包-交换广域网协议中。帧中继依赖于 DTE 和 DEC 设备之间的物理和数据链路层接口。帧中继网络可以是公用的,由载波提供,或者是私有的。帧中继的关键好处是可以通过一个链路而在多个 WAN 站点之间建立连接。这使得在大型广域网中,帧中继比点对点的代价要低很多。专用的点对点电路将客户连接到附近的帧中继载波交换机中。从那里,帧中继类似路由器一样切换工作,根据数据包报头的地址信息,通过载波网络向前传递数据包。

帧中继和 X.25 协议非常类似。它在源和目的地之间使用虚电路——永久(PVC)或交换(SVC)虚电路,并且在管理多重数据流时使用统计上的多路技术。因为介质的可靠性,错误误差可以在较高的协议层上进行处理。有一个 CRC 检测和放弃受损的数据,但是帧中继并不要求再次传输。相反,帧中继依赖于进行错误校正的高层协议。

SVC 是临时连接,最好用于零星传送数据的网络中。一个 SVC 会话以呼叫建立开始,它创建虚电路。首先开始数据传输;然后是等待阶段,其时间可以定义,万一有更多的数据需要传送,则可以保持电路的开放状态;最后,有一个呼叫终结。

PVC 是永久建立的连接,并用于帧中继的大多数实现中。仅有两个会话操作,数据传送和等待。载波设备配置 PVC,因为它通过载波的互连网络规定路由(图 6-5)。

帧中继还有一个重要概念,就是数据链路连接标识符(DLCI)。DLCI 是 DTC 设备在本地使用的编号,并且由帧中继服务商指定;它指帧中继网络中的两个 DTE 设备之间的连接。因为这是一个本地标识符,每个 DTE 设备都可以使用不同的编号来识别链路。

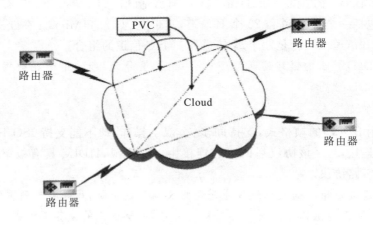

图 6-5 载波的帧中继网络

为使吞吐量达到最大,通信量控制使用了拥挤通知方法。FECN(前向显式拥塞通知)是帧中的一位,当帧意识到在源和目的地之间存在拥塞时,就将这一位设置为"1"。DTE 设备将这个信息发送到上一个协议层中,以开始控制通信量。BECN(后向显式拥塞通知)也是帧中的一位,当一个 FECN 帧收到的源和目的地之间的拥塞通知时,将其设置为"1"。FECN 和 BECN 都是一个一位的字段,也可以设置为"0",这意味着没有拥塞或者在网络的交换机中没有实现拥塞通知特性。这些位在任何时候都存在于报头中,而无论它们的值是什么(图6-6)。

图 6-6 帧中继数据格式

帧中继(Frame-Relay)是在 X.25 基础上发展起来的快速交换的链路层协议,它是不可靠连接而且是点到多点的链路层协议。由于它高效简单,又可以实现一对多的连接,所以得到广泛地应用。

帧中继相关概念介绍

DTE/DCE

帧中继建立连接时是非对等的,在用户端一般是数据终端设备(DTE),而提供帧中继网络服务的设备是数据电路终接设备(DCE)。一般 DCE 端由帧中继运营商提供。在用户侧,某种测试环境中,也可以组建帧中继的 DTE 和 DCE 对连,或者组建帧中继交换的方案来搭建帧中继的对连。

帧中继地址-DLCI

帧中继协议是一种统计方式的多路复用服务,它允许在同一物理连接共存有很多个逻辑连接(通常也叫做信道),这就是说,它在单一物理传输线路上能够提供多条虚电路。每条虚电路是用 DLCI(Data Link Connection Identifer)来标识的,DLCI 只具有本地的意义,也就是在 DTE—DCE 之间有效,不具有端到端的 DTE—DTE 之间的有效性,即在帧中继网络中,不同的物理接口上相同的 DLCI 并不表示是同一个虚连接。帧中继网络用户接口上最多可支持 1024 条虚电路,其中用户可用的 DLCI 范围是 16~991。由于帧中继虚电路是面向连接的,本地不同的 DLCI 连接到不同的对端设备,因此我们可以认为 DLCI 就是 DCE 提供的"帧中继地址"。

静态地址映射

帧中继的地址映射是把对端设备的 IP 地址与本地的 DLCI 相关联,以使得网络层协议使用对端设备的 IP 地址能够寻址到对端设备。帧中继主要用来承载 IP,在发送 IP 报文时,根据路由表只知道报文的下一跳 IP 地址,发送前必须由下一跳 IP 地址确定它对应的 DLCI。这个过程通过查找帧中继地址映射表来完成,因为地址映射表中存放的是下一跳 IP 地址和下一跳的 DLCI 的映射关系。地址映射表的每一项均可以由手工配置。

反转 ARP

使用反转 ARP 可以使帧中继动态地学习到网络协议的 IP 地址,利用反转 ARP 的请求报文请求下一跳的协议地址,并在反转 ARP 的响应报文中获取 IP 地址放入 DCLI 和 IP 地址的映射表中,在缺省情况下,路由器支持反转 ARP 来协商 DLCI 和 IP 地址。动态地址映射专用于多点帧中继配置。在点到点配置中,只有一个单一目的地,所以不需要发现地址。当 PVC 远端设备不支持反转 ARP 协议时,应禁止该协议或者该 DLCI 的反转 ARP。

永久虚电路 PVC 和交换虚电路 SVC

根据建立虚电路的不同方式,可以将虚电路分为两种类型:永久虚电路(PVC)和交换虚电路(SVC)。手工设置产生的虚电路叫永久虚电路;通过某协议协商产生的虚电路叫交换虚电路,这种虚电路不需人工干预可自动创建和删除。目前,在帧中继中使用最多的方式是永久虚电路方式,即手工配置虚电路方式。

本地管理信息

在永久虚电路方式下,需要检测虚电路是否可用。本地管理信息(LMI)协议就是用来检测虚电路是否可用。在系列路由器中实现了三种本地管理信息协议:ITU-TQ.933 附录 A、ANSIT1.617 附录 D 和 CISCO 格式。它们的基本工作方式都是:DTE 设备每隔一定时间发送一个全状态请求 Status Enquiry 报文去查询虚电路的状态,DCE 设备收到全状态请求 Status Enquiry 报文后,立即用 Status 报文通知 DTE 当前接口上所有虚电路的状态。

CIR 技术

帧中继主要用于传递数据业务,传递数据时不带确认机制,没有纠错功能。但提供了一套合理的带宽管理和防止阻塞的机制,用户可有效地利用预先约定的带宽,即承诺的信息速率(CIR),并且还允许用户的突发数据占用未预定的带宽。

5. X.25

ITU-TX.25 标准说明了传统的数据包交换协议的物理层、数据链路层和网络层协议。物理层协议是 X.21,它大概和 RS-232 串行接口等价;数据链路层协议是 LAPB(平衡链路访问协议);网络层规定了 PLP(数据包级协议)。

和帧中继类似,X.25 使用 PVC 和 SVC,但是它的链路速度(9.6～256kbps)太慢了。数据传输速率和新的协议相比比较慢,这是因为 X.25 是在介质传输质量很差的时候定义的。结果是,协议规定了每一个交换节点必须完整接收到每个数据包,并且在把它发送到下一个节点之前必须验证没有错误。X.25 可以使用可变大小的数据包,并且一段一段的进行差错校验和重新传送,以及统计可变数据包大小的结果,因此 X.25 非常慢。利用今天可靠的传输线路,X.25 在和高性能的协议竞争时,例如帧中继,它没有提供受到保障的传输,处于非常不利的地位。帧中继完全没有错误抵御能力——即有错误的数据包在没有通知的情况下会被舍弃。差错校验仅仅在帧中继达到其最终目的地时才进行。

X.25 在 DFE 和 DCE 之间使用点到点连接。通过 PAD(数据包封装/拆装),DTE 连接到提供载波的 DCE,然后 DCE 连接到数据包交换机(PSE 或交换机),最终到达目的 DTE。

第二节 路由器工作原理及组成

一、路由器工作原理

一个互连网络是由许多分离的但是相互连接的网络构成,这些分离的网络本身也可能是由分离的子网络组成。路由器在互连网络之中的位置就是在子网与网络之间,以及网络与网络之间,路由器可以看成是一个特殊的计算机,用在互连网络之中分离各网络,网络之间的通信通过路由器进行。在通信时,网络上的计算机只需通过路由器跟踪互连网络上的网络即可,而不必跟踪每一台网络上的计算机。

路由器是一个工作在 OSI 参考模型第三层(网络层)的网络设备,其主要功能是检查数据包中与网络层相关的信息,然后根据某些规则转发数据包。所以路由器要比交换机有更高的处理能力才能转发数据包。

下面我们结合前面的内容,用一个例子来说明路由器的功能和工作原理。我们可以把互联网上的数据传输过程分为三个步骤:源主机发送分组、路由器转发数据包、目的主机接收数据包,如图 6-7 所示。

当 PC1 主机的 IP 层接收到要发送一个数据包到 10.0.2.2 的请求后,就用该数据构造 IP 报文,并计算 10.0.2.2 是否和自己的以太网接口 10.0.0.1/24 处于同一网段,计算后发现不是,它就准备把这个报文发给它的默认网关 10.0.0.2 去处理,由于 10.0.0.2 和 10.0.0.1/24 在同一个网段,于是将构造好的 IP 报文封装为目的 MAC 地址为 10.0.0.2 的以太网帧,向 10.0.0.2 转发。当然,如果 ARP 表中没有和 10.0.0.2 相对应的 MAC 地址,就发 ARP 请求得到这个 MAC 地址。

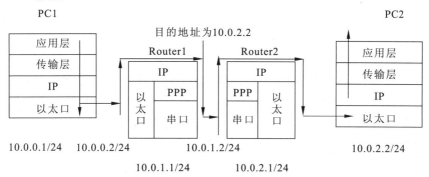

图 6-7 路由器的工作流程

下面我们来描述路由器对于接受到的包的转发过程。

(1) Router1 从以太口收到 PC1 发给它(从目的 MAC 地址知道)的数据后,去掉链路层封装后将报文交给 IP 路由模块。

(2) 然后 Router1 对 IP 包进行校验和检查,如果校验和检查失败,这个 IP 包将会被丢弃,同时会向源 10.0.0.1 发送一个参数错误的 ICMP 报文。

(3) 否则,IP 路由模块检查目的 IP 地址,并根据目的 IP 地址查找自己的路由表。路由器决定这个报文的下一跳为 10.0.1.2,发送接口为 S0。如果未能查找到关于这个目的地址的匹配项,则这个报文将会被丢弃,并向源 10.0.0.1 发送 ICMP 目的不可达报文。

(4) 否则,Router1 将这个报文 TTL 减 1,并进行合法性检查,如果报文 TTL 为 0,则丢弃该报文,并向源 10.0.0.1 发送一个 ICMP 超时报文。

(5)否则,Router1 根据发送接口的最大传输单元(MTU)决定是否需要进行分片处理。如果报文需要分片但是报文的 DF 标志被置位,则丢弃该报文,并向源 10.0.0.1 发送一个 ICMP 的不可达报文。

(6)最后 Router1 将这个报文进行链路层封装为 PPP 帧后并将其从 S0 发送出去。

然后,Router2 基本重复与 Router1 同样的动作,最终报文将被传送到 PC2。目的主机接收数据的过程,我们就不再讨论了。从这个处理过程来看:路由器是 IP 网络中事实上的核心设备;路由表是路由器转发过程的核心结构。

二、路由器的组成结构

路由器是组建互联网的重要设备,它和 PC 机非常相似,由硬件部分和软件部分组成,只不过它没有键盘、鼠标、显示器等外设。目前市场上路由器的种类很多,尽管不同类型的路由器在处理能力和所支持的接口数上有所不同,但它们的核心部件是一样的,都有 CPU、ROM、RAM、I/O 等硬件。

1. 路由器的硬件组成

1)中央处理器(CPU)

和计算机一样,路由器也包含"中央处理器"(CPU)。不同系列和型号的路由器,CPU 也不尽相同。路由器的处理器负责许多运算工作,比如维护路由所需的各种表项以及作出路由选择等。路由器处理数据包的速度在很大程度上取决于处理器的类型。某些高端的路由器会拥有多个 CPU 并行工作。

2)内存

(1)只读内存(ROM)。

ROM 中的映像(Image)是路由器在启动的时候首先执行的部分,负责让路由器进入正常工作状态,例如路由器的自检程序就存储在 ROM 中。有些路由器将一套小型的操作系统存于 ROM 中,以便在完整版操作系统不能使用时作为备份使用。这个小型的映像通常是操作系统的一个较旧的或较小的版本,它并不具有完整的操作系统功能。ROM 通常做在一个或多个芯片上,焊接在路由器的主板上。

(2)随机访问内存(RAM)。

存储正在运行的配置文件、路由表、ARP 表。OS 也在 RAM 中运行。

(3)闪存(FLASH)。

闪存是一种可擦写、可编程类型的 ROM,闪存的主要作用是存储 OS 软件,维持路由器的正常工作。如果在路由器中安装了容量足够大的闪存,便可以保存多个 OS 的映像文件,以提供多重启动功能。默认情况下,路由器用闪存中的 OS 映像来启动路由器。

(4)非易失性内存(NVRAM)。

非易失性内存是一种特殊的内存,在路由器电源被切断的时候,它保存的信息也不会丢失。该内存主要用于存储系统的配置文件,当路由器启动时,就从其中读取该配置文件,所以它的名称为"Startup-config",即启动时就要加载。如果非易失性内存中没有存储该文件,比如一台新的路由器或管理员没有保存配置,路由器在启动过程结束后就会提示用户是否进入初始化会话模式,也叫"set up"模式。

3) 接口(Interface)

路由器的主要作用就是从一个网络向另一个网络传递数据包,路由器的每一个接口连接一个或多个网络,所以路由器的接口是配置路由器时主要考虑的对象之一,同一台路由器上不同接口的地址应属于不同的网络。路由器通过接口在物理上把处于不同逻辑地址的网络连接起来。这些网络的类型可以相同,也可以不同。

路由器的接口主要有局域网接口、广域网接口和路由器配置接口三种。

(1) 局域网接口。

局域网接口主要用于路由器与局域网的连接。由于局域网的类型较多,所以路由器的局域网接口有多种。常见的接口有 AUI、BNC、RJ-45、FDDI、光纤接口等。

AUI 端口用于连接粗同轴电缆,是一种"D"状 15 针接口,在令牌环网或总线网络中常用。RJ-45 端口是常见的双绞线以太网端口,可分为 10BASE-T(Ethernet)网"ETH"端口、100BASE-TX 网"10/100bTX"端口、100BASE-TX(FastEthernet)网"FAST ETH"端口、千兆位以太网端口"1000bTX"等。SC 端口是常见的光纤端口,用于与光纤连接,分百兆位光纤端口"100bFX"和千兆位光纤端口"1000bFX"。

(2) 广域网接口。

在网络互连中,路由器主要用于局域网与广域网、广域网与广域网之间的互连。路由器的广域网接口主要有高速同步串口、异步串口、ISDN BRI 端口等。应用最多的是高速同步串口(Serial),最高速率可达 2.048Mbps,主要用于 DDN、帧中继、X.25、PSTN 等网络连接模式。异步串口(ASYNC)主要用于 Modem 或 Modem 池的连接,实现远程计算机通过公用电话网拨入网络,最高速率可达 115.2kbps。ISDN BRI 端口用于 ISDN 线路与 Internet 或其他远程网络的连接。骨干层路由器(高端路由器)则提供了 ATM、POS(IP Over SDH)以及支持万兆位以太网的 OC-192(10Gbps)速率的骨干网络端口,一般服务于电信运营商。

(3) 路由器配置接口。

路由器配置接口主要有 CONSOLE 和 AUX 两个。CONSOLE 端口使用配置专用连线连接计算机串口,利用终端仿真程序进行路由器本地配置。AUX 端口为异步端口,用于路由器的远程配置。

2. 路由器的软件

如 PC 机一样,路由器也需要操作系统才能运行。如思科路由器的操作系统叫做 IOS(Internetwork Operating System)。路由器的平台(Platform)不同、功能不同,运行的 IOS 也不尽相同。IOS 是一个特殊格式的文件,对于 IOS 文件的命名,Cisco 采用了一套独特的规则。根据这套规则,我们只需要检查一下映像(Image)文件的名字,就可以判断出它适用的路由器平台、它的特性集(Features)、它的版本号、在哪里运行和是否有压缩等。

第三节　IP 网络的子网划分

一、子网划分和子网掩码

到现在为止,我们已经讨论了 IP 地址的结构,其中包含网络地址和主机地址。IP 地址中保留给网络地址的那部分由网络掩码说明,对于各类的地址,在子网掩码中有一个默认的位数。没有用于网络地址的所有其他位都可以用于说明网络上的特定主机。

现在我们将讨论如何通过借用主机地址位,用它们来表示网络的一部分,从而进一步将网络分解为子网。

1. 子网划分的目的

在一个网络上,通信量和主机的数量成比例,而且和每个主机产生的通信量的和成比例。

随着网络的规模越来越大,这种通信量可能超出了介质的能力,而且网络性能开始下降。在一个广域网中,减少广域网上不必要的通信量是一个主要的话题。

在研究这样的问题的过程中会发现,一组主机倾向于互相通信,而且和这个组外的通信非常少。这些分组可以按照一般的网络资源的用途来说明,或者按照几何距离来划分,它使局域网之间的低速广域网连接成为必要。通过使用子网,我们可以将网络分段,因而隔离各个组之间的通信量。为在这些网段之间通信,必须提供一种方法以从一个段向另一个段传递通信量。

这个问题的一个解决方法是用网桥来隔离这些网段。网桥将学习在它的每一边所驻留的地址,方法是查看 MAC 地址,然后仅仅转发需要通过网段的数据包。这是一个快速和相对廉价的解决方法,但是缺乏灵活性。例如,如果网桥发现它可以从任何一边而达到给定的地址,则网桥会感到迷惑。所以一般不可能用网桥建立多余的路径。

一个更加可靠的解决方法是使用路由器,它指挥网络之间的通信量,方法是使用建立网络目的地和路由器特定端口之间的联系的表格。每个这样的端口都连接到源网络、目的网络或一些中间网络上,这些中间网络可以通向最终的目的网络。通过使用路由器,我们可以为数据定义多个路径,这增强了网络的故障耐受能力和性能。

在路由网络中进行寻址的方法可能仅仅给每个网段一个不同的网络地址。这在隔离的网络中可以使用,但是如果网络连接到外部世界,则这种结果并不是我们所期望的。为连接到 Internet 上,必须有一个唯一的网络地址,它必须由规则代理机构指定。这些网络地址的需求量非常大,但是通常很少提供。如果没有通过一个唯一的网络地址而需提供一个公共的入口点,则增加了从公共网络到内部网络的路由数据的复杂性。

为得到单个网络的经济性和简单性,同时也能够形成内部网段和路由内部网络的能力,我们使用子网。从外部路由器的角度来看,我们的网络会作为单个的整体出现。然而,在内部,我们仍然通过子网提供网段,而且用内部路由器来指挥和隔离子网之间的通信量。下面的章节将讨论子网掩码在定义子网中的角色。

2. 在默认子网掩码中加入位

我们已经了解,一个 IP 地址必须在它的子网掩码的环境中解释。子网掩码定义了地址的网络地址部分。每类地址具有默认的掩码,对于 A 类为 8 位,对于 B 类为 16 位,对于 C 类为 24 位。如果我们希望在一个网络中建立子网,我们在这个默认的子网掩码中加入一些位,它减少了用于主机地址的位数。我们加入到掩码中的位数决定了我们可以配置的子网。因而,在一个划分了子网的网络中,每个地址包含一个网络地址、一个子网地址和一个主机地址。

子网位来自主机地址的最高的相邻的位,并从一个 8 位位组边界开始,因为默认掩码总是在 8 位位组边界处结束。随着我们加入子网位,我们从左到右计数,并用和它们的位置相关的值,将它们转换为十进制。

二、子网规划

子网规划的过程涉及到分析网络上的通信量形式,以确定哪些主机应该分在同一个子网中。我们需要了解我们需要的子网的整体数目,通常考虑发展的因素,会留下了一定的空间。我们也需要考虑我们正在处理的网络的地址类和我们预料的在每个子网中必须支持的主机的总数。

1. 选择子网掩码

在选择子网过程中,主要的考虑就是我们需要支持多少个子网。当然,这个挑战是平衡每个子网所具有的最大的主机数量和子网的数量。每个网络、子网和地址的主机部分仅仅可以使用 32 位。如果我们选择了一个子网掩码,它提供的子网多于我们所需要的,则会减少我们可以支持的、潜在的主机数量。

2. 使用零子网

由于"0"子网与网络表现为同样的地址,只是掩码不同。为了避免混淆子网与网络,RFC791 中规定"0"子网是非法的,而且强烈不提倡使用。比如网络 166.16.0.0 按照 255.255.255.0 的子网掩码进行子网划分,零子网也表示为 166.16.0.0。

虽然全"1"和全"0"子网没有被鼓励使用,但还是可以使用的,而且不会影响网络的正常运行和互联互通。全"0"子网和全"1"子网都是允许使用的,但如果你希望应用所有的子网地址空间,就需要特别配置。

要使用零子网,在全局配置模式中执行以下命令:

Red-Giant(config)#ip subnet-zero 允许使用零子网
Red-Giant(config)#no ip subnet-zero 禁止使用零子网
RGNOS 缺省情况下已经允许使用零子网。

3. 主机数目的影响

我们用于子网的位数要从指定给主机地址的位数中减去。每个二进制位代表 2 的幂,所以我们所用掉的每位将使每个子网的潜在主机数目减半。因为地址类定义了主机位数的最大数目,所以每个地址类都受到了子网的不同影响。

因而,如果给定了一个网络规划,它具有一定数量的子网,每个子网期望支持一定数目的主机和一定的地址类,则我们可能发现,我们不得不用较少的子网,支持较少的主机,或选择不同的地址类来满足我们的需要。对于每类,子网对主机数目的影响终结在确定的每个子网的地址范围。一旦我们确定了合适的子网掩码,下一个问题就是确定每个子网的地址和每个子网上主机地址的允许范围。

4. 确定子网地址

例如,假设了一个带有子网掩码 255.255.224.0 的网络地址 135.120.0.0,如何确认子网地址?

000＝0   135.120.0.0
001＝32   135.120.32.0
010＝64   135.120.64.0
011＝96   135.120.96.0

```
100=128    135.120.128.0
101=160    135.120.160.0
110=192    135.120.192.0
111=224    135.120.224.0
```

一旦我们确定了每个子网的地址,我们就可以确定每个子网内允许的主机地址范围。下面的例子说明了确定地址范围的原则。

(1)第一个可以使用的主机地址比子网ID高1位。也就是说,如果子网是120.100.16.0,则第一个主机地址是120.100.16.1。

(2)假设我们为子网使用4位,则下一个较高的子网地址是120.100.32.0。如果我们从这个地址中减去一位,我们将得到较低的子网的广播地址。这就是地址120.100.31.255。

(3)最大的可用主机地址是比广播地址少1的地址,或者120.100.31.254。

现在,需要确定子网的实际边界。如果掩码位于8位位组边界上,则很容易。所以让我们研究一个不那么简单的例子。

考虑带有子网掩码255.255.252.0的网络172.16.0.0。什么是我们可以使用的合法的子网数字,以及它们中的IP地址范围是多少?

如果有一个8位组数,掩码既不是全为0,也不是全为1,则这里就是你应该注意的地方。在这个例子中,第3个8位组是我们所感兴趣的。计算这个掩码的二进制:252用二进制表示为11111100。为了找到一个合法的子网数字,需要找到最小的有意义的位,它在我们的子网掩码中为1。在8位组内的那个位的位置的值,用2的幂来表示,就是4。所以我们的第一个合法的子网数字是172.16.4.0。为得到剩下的子网数字,我们只需加4:172.16.8.0,172.16.12.0,172.16.16.0,172.16.20.0,直至172.16.251.0,这是这个例子中63个合法的子网数字中的最后一个。如果掩码恰好为255.255.248.0,第3个8位组掩码以二进制表示为11111000,从172.16.8.0开始作为第一个子网,然后加8,而不是4,因为掩码中为1的最后一位的值是8。最后的一件事情就是找到每个子网的主机地址范围。我们不会使用全0或全1,因为那些已经保留给网络数字和直接广播。所以第一个子网的第一个主机地址为172.16.4.1,最后的一个为172.16.7.254。第3个8位组数中的7从哪里来?记住,第3个8位组中的两个最小的有意义的位是主机数字的一部分,所以它们需要包含在计算中。下一个子网的主机地址为172.16.8.1到172.16.11.254,172.16.12.1到172.16.15.254等。

三、复杂子网

迄今为止,我们将对子网的讨论限制在使用分类的IP地址的简单例子中。本部分将介绍一些更加复杂的子网问题和练习。我们从考虑穿越8位位组边界的子网掩码开始,因为这经常是产生混淆的地方。我们也考虑长度可变的子网掩码(VLSM),以作为在子网掩码的使用过程中得到更大的灵活性的手段。最后,我们将考虑一个例子,称为超网,它可以作为建立子网的逆过程,因为我们是从默认的子网掩码中删除位,而不是加入位。

子网位穿越8位位组边界。无论何时,我们在子网中使用的位数多于8位,就面临超越8位位组编辑的问题。处理这些子网掩码的一个挑战就是遵守关于全1和全0的限制。为做到这一点,我们不得不将32位地址中的子网位看做是独立的位的集合,而且同时要记住它们的位的位置,以及相关的值。

当子网掩码穿越 8 位位组边界时,最高的 8 位,它消耗一个完整的 8 位位组,将在子网之间具有 1 的间隔。这意味着 0~255 之间的任何组合都符合这个 8 位位组,只要在较低的 8 位位组加入的子网位不全是 1 或全是 0 就可以。同时,低 8 位位组中的位将按照低 8 位位组中的最低的有效位而增加它的值。为了解这是如何进行的,它给出了一个使用 10 位子网位(掩码 255.255.192.0)和 A 类网络(2.0.0.0)相关的子网 ID 的例子(表 6-2)。

表 6-2 使用 10 位子网位的子网 ID 例子

子网	ID	子网位	值注释
2.0.0.0	00000000	00	第一个子网 ID
2.0.64.0	00000000	01	第二个子网 ID
2.0.128.0	00000000	10	下一个子网
2.0.192.0	00000000	11	低 8 位位组全为 1
2.1.0.0	00000001	00	低 8 位位组全为 0
2.255.0.0	11111111	00	高 8 位位组全为 1
2.255.192.0	11111111	11	最后的合法的子网

四、变长子网掩码

定义子网掩码的时候,我们作出了假设,在整个网络中将一致地使用这个掩码。在许多情况下,这导致浪费了许多主机地址,因为我们的子网在大小上可能差别很大。主要例子就是这样的一种情况,我们有一个子网,它通过串口连接了两个路由器。在这个子网上仅仅有两个主机,每个端口一个,但是我们已经将整个子网分配给了这两个接口。如果我们使用其中的一个子网,并进一步将其划分为第二级子网,我们将有效地"建立子网的子网",并保留其他的子网,以用于其他的用途。"建立子网的子网"的想法构成了 VLSM 的基础。

我们已经讨论了具有网络地址部分和主机地址部分的 IP 地址。利用子网划分技术,我们也可以具有代表子网 ID 的地址部分。从总体上说,表示网络和子网 ID 的掩码位可以称为前缀。路由器可以说在前缀的基础上进行路由。如果存在一种方法,可以用一个地址表达特定的前缀信息,我们可以越过网络范围内的假设,这个假设建立在单一的子网掩码的基础之上。为达到这个目的,我们在每个地址参考中的前缀上加入了前缀信息。用于表示这个前缀(子网掩码)的格式称为位计数格式,它用一个斜杠后面的十进制数来加入到地址中。例如,对 B 类地址的引用表示为 135.120.25.20/16。"/16"定义了 16 个子网位,它等于默认的掩码——255.255.0.0(16 位)。

为使用 VLSM,我们通常定义一个基本的子网掩码,它将用于划分第一级子网,然后用第二级掩码来划分一个或多个主要子网。VLSM 仅仅可以由新的路由协议,如 RIPv2 或 OSPF 识别。

当使用 VLSM 时,所有的子网 ID,包括全 1 和全 0 子网,都是合法的。

第四节　IP 网络间路由选择

路由器的最基本功能就是路由,对一个具体的路由器来说,路由就是将从一个接口接收到的数据包,转发到另外一个接口的过程,该过程类似交换机的交换功能,只不过在链路层我们称之为交换,而在 IP 层称之为路由;而对于一个网络来说,路由就是将数据包从一个端点(主机)传输到另外一个端点(主机)的过程。

路由的完成离不开两个最基本步骤:第一个步骤为选径,路由器根据到达数据包的目标地址和路由表的内容,进行路径选择;第二个步骤为数据包转发,根据选择的路径,将数据包从某个接口转发出去。

路由表是路由器进行路径抉择的基础,路由表的内容(路由表项,通常也称为路由)来源有两个:静态配置和路由协议动态学习。路由表内容如下:

```
router#  show ip route
Codes:C-connected,S-static,R-RIP,D-EIGRP,
EX-EIGRP external,O-OSPF,IA-OSPF inter area
E1-OSPF external type 1, E2 - OSPF external type 2,
*  -candidate default
Gateway of last resort is10.5.5.5 to network 0.0.0.0
172.16.0.0/24 is subnetted, 1 subnets
C 172.16.11.0 is directly connected, serial1/2
O E2 172.22.0.0/16 [110/20] via 10.3.3.3, 01:03:01, Serial1/2
S* 0.0.0.0/0 [1/0] via 10.5.5.5
```

路由表的开头是对字母缩写的解释,主要是为了方便阐述路由的来源。"Gateway of Last Resort"说明存在缺省路由,以及该路由的来源和网段。如果一个网络被划分为若干个子网,则在每个子网路由的前面一行会说明该网络已划分子网以及子网的数量。

一般一条路由显示一行,如果太长可能分为多行。从左到右,路由表项每个字段的意义如下所述。

路由来源:每个路由表项的第一个字段,表示该路由的来源。比如"C"代表直连路由,"S"代表静态路由,"*"说明该路由为缺省路由。

目标网段:包括网络前缀和掩码说明,如 172.22.0.0/16。网络掩码显示格式有三种:第一种显示格式为掩码的比特位数,如/24 表示掩码 32 位比特中前面 24 位为"1"、后面 8 位为"0"的数值;第二种显示格式,以十进制方式显示,如 255.255.255.0;第三种显示格式,以十六进制方式显示,如 0xFFFFFF00。缺省情况为第一种显示格式。

管理距离/量度值:管理距离代表该路由来源的可信度,不同的路由来源该值不一样,量度值代表该路由的花费。路由表中显示的路由均为最优路由,即管理距离和量度值都最小。两条到同一目标网段、来源不同的路由,要安装到路由表中之前,需要进行比较,首先要比较管理距离,取管理距离小的路由,如果管理距离相同,就比较量度值,如果量度值也一样则将安装多条路由。

下一跳 IP 地址:说明该路由的下一个转发路由器。

存活时间:说明该路由已经存在的时间长短,以"时:分:秒"方式显示,只有动态路由学到的路由才有该字段。

下一跳接口:说明符合该路由的 IP 包,将往该接口发送出去。

一、静态路由配置

静态路由就是手工配置的路由,使得到指定目标网络的数据包的传送按照预定的路径进行。当 RGNOS 软件不能学到一些目标网络的路由时,配置静态路由就会显得十分重要。给所有没有确切路由的数据包配置一个缺省路由,是一种通常的做法。

要配置静态路由,在全局配置模式中执行以下命令:

Router(config)#ip route network mask{ip-address ∣ interface-type interface-number } [distance] [tag tag] [permanent] 配置静态路由

Router(config)#no ip route network mask 删除静态路由

默认路由是当数据在查找方向时,没有可以使用的明显的路由选择信息时为数据指定的路由,如果路由器有一个连接到小型网络段的连接和到一个具有多个不同 IP 子网的大型互连网络的连接,那么连接到多个不同子网的接口将是设置为默认路由的最好的接口。这样,路由器收到的任何数据包,如果它们的目的不是紧邻的网络段,则它们将通过默认路由从接口发出。

要配置无类路由,在全局配置模式中执行以下命令:

Red-Giant(config)#ip classless 配置无类路由

Red-Giant(config)#no ip classless 取消无类路由配置

二、RIP 简介

RIP (Routing Information Protocol)路由协议是一种相对古老,在小型以及同介质网络中得到广泛应用的一种路由协议。RIP 采用距离向量算法,是一种距离向量协议。RIP 在 RFC 1058 文档中定义。

RIP 使用 UDP 报文交换路由信息,UDP 端口号为 520。通常情况下 RIPv1 报文为广播报文;而 RIPv2 报文为组播报文,组播地址为 224.0.0.9。

RIP 每隔 30s 向外发送一次更新报文。如果路由器经过 180s 没有收到来自对端的路由更新报文,则将所有来自此路由器的路由信息标志为不可达,若在 240s 内仍未收到更新报文,就将这些路由从路由表中删除。

RIP 使用跳数来衡量到达目的地的距离,称为路由量度。在 RIP 中,路由器到与它直接相连网络的跳数为 0;通过一个路由器可达的网络的跳数为 1 ,其余依此类推;不可达网络的跳数为 16。

为了防止形成环路路由,RIP 采用了以下手段:

(1)水平分割(Split Horizon)。

(2)路由拒绝时间(Holddown Time)。

(3)触发更新。

三、创建 RIP 路由进程

路由器要运行 RIP 路由协议,首先需要创建 RIP 路由进程,并定义与 RIP 路由进程关联的网络。

要创建 RIP 路由进程,在全局配置模式中执行以下命令:

Router(config)#router rip 创建 RIP 路由进程

Router(config-router)#network network-number 定义关联网络

说明:Network 命令定义的关联网络有两层意思:①RIP 只对外通告关联网络的路由信息;②RIP 只向关联网络所属接口通告路由信息。

四、水平分割配置

多台路由器连接在 IP 广播类型网络上,在运行距离向量路由协议时,就有必要采用水平分割的机制以避免路由环路的形成。水平分割可以防止路由器将某些路由信息从学习到这些路由信息的接口通告出去,这种行为优化了多个路由器之间的路由信息交换。

然而对于非广播多路访问网络(如帧中继、X.25 网络),水平分割可能造成部分路由器学习不到全部的路由信息。在这种情况下,可能需要关闭水平分割。如果一个接口配置了次 IP 地址,也需要注意水平分割的问题。

要配置关闭或打开水平分割,在接口配置模式中执行以下命令:

Router(config-if)#no ip split-horizon 关闭水平分割

Router(config-if)#ip split-horizon 打开水平分割

封装帧中继时,接口缺省为关闭水平分割;帧中继子接口、X.25 封装缺省为打开水平分割;其他类型的封装缺省均为打开水平分割。因此在使用中一定要注意水平分割的应用。

五、有类别路由选择(Classful Routing)概述

不随各网络地址发送子网掩码信息的路由选择协议被称为有类别的选择协议(RIPv1、IGRP)。当采用有类别路由选择协议时,属于同一主类网络(A 类、B 类和 C 类)的所有子网络都必须使用同一子网掩码。运行有类别路由选择协议的路由器将执行下面工作的一项以确定该路由型网络部分。

(1)如果路由更新信息是关于在接收接口上所配的同一主类网络的,路由器将采用配置在接口上的子网掩码。

(2)如果路由更新是关于在接收接口上所配的不同主类的网络的,路由器将根据其所属地址类别采用缺省的子网掩码。

有类别归纳路由的生成是由有类别路由选择协议自动处理的。

六、无类别路由选择(Classless Routing)概述

无类别路由选择协议包括开放最短路径优先(OSPF)、EIGRP、RIPv2、中间系统到中间系统(IS-IS)和边界网关协议版本 4(BGP4)。在同一主类网络中使用不同的掩码长度被称为可变长度的子网掩码(VLSM)。无类别路由选择的路由选择协议支持 VLSM,因此可以更为有效地设置子网掩码,以满足不同子网对不同主机数目的需求,可以更充分地利用主机地址。

七、定义 RIP 版本

缺省情况下,RGNOS 可以接收 RIPv1 和 RIPv2 的数据包,但是只发送 RIPv1 的数据包。你可以通过配置,只接收和发送 RIPv1 的数据包,也可以只接收和发送 RIPv2 的数据包。

要配置软件只接收和发送指定版本的数据包,在路由进程配置模式中执行以下命令:
Router(config-router)#version{1 | 2} 定义 RIP 版本

以上命令使软件在缺省情况下只接收和发送指定版本的数据包,如果需要可以更改每个接口的缺省行为。

要配置接口只发送哪个版本的数据包,在接口配置模式中执行以下命令:
Router(config-if)#ip rip send version 1　　　指定只发送 RIPv1 数据包
Router(config-if)#ip rip send version 2　　　指定只发送 RIPv2 数据包
Router(config-if)#ip rip send version 1 2　　指定只发送 RIPv1 和 RIPv2 数据包

要配置接口只接收哪个版本的数据包,在接口配置模式中执行以下命令:
Router(config-if)#ip rip receive version 1　　指定只接收 RIPv1 数据包
Router(config-if)#ip rip receive version 2　　指定只接收 RIPv2 数据包
Router(config-if)#ip rip receive version 1 2 指定只接收 RIPv1 和 RIPv2 数据包

八、关闭路由自动汇聚

RIP 路由自动汇聚,就是当子网路由穿越有类网络边界时,将自动汇聚成有类网络路由。RIPv2 缺省情况下将进行路由自动汇聚,RIPv1 不支持该功能。

RIPv2 路由自动汇聚的功能,提高了网络的伸缩性和有效性。如果有汇聚路由存在,在路由表中将看不到包含在汇聚路由内的子路由,这样可以大大缩小路由表的规模。

通告汇聚路由会比通告单独的每条路由将更有效率,主要有以下因素:
当查找 RIP 数据库时,汇聚路由会得到优先处理。
当查找 RIP 数据库时,任何子路由将被忽略,减少了处理时间。

有时可能希望在 RIP 数据库中看到具体的子网路由,而不只是看到汇聚后的网络路由,这时需要关闭路由自动汇总功能。

要配置路由自动汇聚,在 RIP 路由进程模式中执行以下命令:
Router(config-router)#no auto-summary 关闭路由自动汇总
Router(config-router)#auto-summary 打开路由自动汇总

九、配置帧中继子接口

1.子接口概述

子接口使得一个单一的物理接口能够被视为多个虚拟接口。子接口的使用,使路由器将物理接口的属性应用于每个虚拟接口。在缺省情况下,DLCI 全部分配给物理接口,你需要将 DLCI 明确分配给该物理接口的一个指定的虚拟子接口。一个物理接口可以有多个子接口,虽然子接口是逻辑结构,并不实际存在,但对于网络层而言,子接口和主接口没有区别,都可通过配置 PVC 与远端设备相连。

帧中继的子接口又可分为两种类型:点到点 point-to-point 子接口和点到多点 multipoint

子接口。点到点子接口用于点到点连接,一般一个帧中继点到点子接口分配一个PVC,这种子接口与连接DDN线路的物理接口属性类似;点到多点子接口用于连接同一个网段的多个(一般两个以上)用户端设备。

对于点到点的子接口,因为只有一个远程DTE的设备,不用配置静态地址映射,利用发转ARP就可知道对方IP地址对应的DLCI;对于点到多点的子接口,可通过运行反转ARP协议动态学习或通过手工静态配置来使每条PVC都能和其相连的远程DTE建立地址映射关系。

具有反转ARP能力的所有点到点子接口和点到多点子接口都需要frame-relay interface-dlci命令,而使用静态寻址的点到多点子接口则不需要此命令。

子接口的应用可以按照如下的步骤进行:

(1)创建子接口。

(2)配置帧中继子接口的DCLI号。

(3)配置帧中继子接口PVC及建立地址映射。

2. 子接口配置

子接口的创建可以按如下的步骤进行:

步骤1　Red-Giant(config)#interface serial number 进入同步串口接口配置层。

步骤2　Red-Giant(config-if)#encapsulation frame-relay [ietf|cisco] 封装帧中继,推荐ietf格式。

步骤3　Red-Giant(config)#interface serial number.subinterface-number [multipoint|point-to-point] 退出到全局配置层,再创建帧中继的子接口,并指定接口的类型。

其中,封装帧中继子接口时,缺省封装的点到多点。

1)配置帧中继子接口的DLCI

如果使用反转ARP,那么必须配置帧中继子接口的DLCI,如果使用静态映射,那么可以忽略此步骤。

Red-Giant(config-subif)#frame-relay interface-dlci dlci 配置子接口的DLCI

Red-Giant(config-subif)#no frame-relay interface-dlci dlci 删除子接口的DLCI

2)建立帧中继子接口地址映射

对于点到点子接口,因为只有唯一的对端DTE,所以在给子接口配置虚电路的DLCI时实际已经隐含地确定了对端的网络地址;而对于点到多点子接口,对端网络地址与本地DLCI的映射关系必须通过配置静态地址映射或者通过反转ARP来确定。

(1)建立帧中继子接口静态地址映射。

Red-Giant(config-subif)#frame-relay map ip ip-address dlci [option]建立帧中继子接口静态地址映射

Router(config-isubf)# no frame-relay map ip ip-address dlci [option]删除帧中继子接口静态地址映射

(2)允许/禁止帧中继子接口反转ARP协议。

Red-Giant(config-subif)#frame-relay inverse-arp ip [dlci]允许使用帧中继子接口反转ARP协议

Red-Giant(config-subif)#no frame-relay inverse-arp ip [dlci]禁止使用帧中继子接口反

转 ARP 协议

在缺省情况下,帧中继子接口是允许使用反转 ARP 协议的。

(3)帧中继利用 debug frame-relay ? 命令可以查询到相关调试信息。

Red-Giant#debug frame-relay dlsw 调试在帧中继上运行 DLSW+的信息

Red-Giant#debug frame-relay event 调试帧中继事件信息

Red-Giant#debug frame-relay ip tcp [header-compression]调试帧中继的 IP TCP 信息,或者 TCP 报头压缩信息

Red-Giant#debug frame-relay llc2 调试在帧中继上运行 LLC2 的信息

Red-Giant#debug frame-relay lmi [interface serial number]调试帧中继本地管理信息的报文信息

Red-Giant#debug frame-relay packet [interface serial number]调试帧中继报文传输的信息

Red-Giant#debug frame-relay Verbose 调试帧中继的详细信息

以上的调试信息以 debug frame-relay lmi 和 debug frame-relay packet 最为常用。下面就以此为例来说明:

Serial0(o):dlci 16(0x401), pkt type 0x800(IP), datagramsize 104

Serial0(i):dlci 16(0x401), pkt type 0x800, datagramsize 104

以上是 debug frame-relay packet 的调试信息,serial0 表示是接口 serial 0,o(output)表示是输出的报文,i(input)表示是输入的报文,dlci 16 表示在本地 DLCI 号为 16 的虚链路上的报文,其中报文的网络协议是 0x800,IP 协议,报长 datagramsize 104 字节。

Serial0(out):StEnq, myseq 91, yourseen 90, DTE up
datagramstart=0x4F76F68, datagramsize=13
FR encap=0x00010308
00 75 51 01 01 53 02 5B 5A
Serial0(in):Status, myseq 91
RT IE 51, length 1, type 1
KA IE 53, length 2, yourseq 91, myseq 91

以上的调试信息告诉我们:该帧中继封装在 serial0 接口,此时本地 DTE 发送的序号 myseq 为 91,对 DCE 方的确认的序号 yourseen 是 90,DTE 的报文长度为 13 字节。而在 serial0 口下一个接收到的报文,对方的发送序号 yourseq 是 91,DCE 对 DTE 确认的序号是 myseq 91。

(4)常见的帧中继链路的维护命令。

Red-Giant# clear frame-relay-inarp 清除用反转 ARP 创建的动态地址映射

Red-Giant# show interfaces serial number 显示同步口接口的信息

Red-Giant# show frame-relay lmi 显示帧中继本地管理信息

Red-Giant# show frame-relay map 显示帧中继映射表

Red-Giant# show frame-relay pvc 显示帧中继永久虚电路 PVC 信息

Red-Giant# show frame-relay route 显示帧中继交换信息

Red-Giant# show frame-relay traffic 显示帧中继流量信息

A. 清除用反转 ARP 创建的动态地址映射。

Serial0（up）：ip 1.1.1.1 dlci 16(0x10,0x400)，dynamic，broadcast，IETF，status defined，active

以上是用 show frame-relay map 命令显示出的用反转 ARP 建立起来的帧中继映射表，dynamic 就是指该映射关系不是用手动配置的映射。当使用 clear frame-relay-inarp 命令之后，再用 show frame-relay map 则没有任何显示，一旦接口的帧中继协议重新学习到映射关系时，用 show frame-relay map 命令显示出的提示照常。

B. 显示同步接口的信息。

Serial0 is up, line protocol is up

Hardware is HDLC4530A

Internet address is1.1.1.2/24

MTU 1500 bytes, BW 1544 Kbit, DLY 20000 usec, rely 255/255, load 1/255

Encapsulation FRAME-RELAY IETF, loopback not set, keepalive set (10 sec)

LMI enq sent 1, LMI stat recvd 0, LMI upd recvd 0

LMI enq recvd 23951, LMI stat sent 23951, LMI upd sent 0, DTE LMI up

LMI DLCI 0 LMI type is CCITT frame relay DTE

Broadcast queue 0/64, broadcasts sent/dropped 0/0, interface broadcasts 0

Last input 00:00:03, output 00:00:03, output hang never

Last clearing of "show interface" counters never

Input queue: 0/75/0 (size/max/drops); Total output drops: 0

Queueing strategy: weighted fair

Output queue: 0/64/0 (size/threshold/drops)

Conversations 0/1 (active/max active)

Reserved Conversations 0/0 (allocated/max allocated)

5 minute input rate 0 bits/sec, 0 packets/sec

5 minute output rate 0 bits/sec, 0 packets/sec

50108 packets input, 796118 bytes, 0 no buffer

Received 8151 broadcasts, 0 runts, 0 giants

2 input errors, 2 CRC, 2 frame, 0 overrun, 0 ignored, 0 abort

50492 packets output, 837837 bytes, 0 underruns

0 output errors, 0 collisions, 1 interface resets

0 output buffer failures, 0 output buffers swapped out

35 carrier transitions

DCD=up DSR=up DTR=up RTS=up CTS=up

注意以上的信息，物理是否 Up 主要看末行的物理信号是否 Up，首行是否是 serial0 is up，链路协议层是否 Up 主要看是否 Line Protocol is Up。

Encapsulation FRAME-RELAY IETF,LMI enq recvd 23951，LMI stat sent 23951 显示出当前状态请求报文 Status Enquired 接收和发送的个数，DTE LMI up 显示出接口上的 DTE 端是否处于激活状态。

C. 显示帧中继本地管理信息。
LMI Statistics for interface Serial0 (Frame Relay DCE) LMI TYPE=CCITT
Invalid Unnumbered info 0 Invalid Prot Disc 0
Invalid dummy Call Ref 0 Invalid Msg Type 0
Invalid Status Message 0 Invalid Lock Shift 0
Invalid Information ID 0 Invalid Report IE Len 0
Invalid Report Request 0 Invalid Keep IE Len 0
Num Status Enq. Rcvd 23907 Num Status msgs Sent 23907
Num Update Status Sent0 Num St Enq. Timeouts 932

以上的信息主要显示了状态请求报文 Status Enquiry 的接收和发送的个数。

D. 显示帧中继映射表。

Serial0 (up): ip 1.1.1.2 dlci 16(0x10,0x400), static, IETF, status defined, active

Serial0 指出是哪个接口封装了帧中继,Ip 1.1.1.2 是对端 DTE(DCE)设备的 IP 地址,Dlci 16 是本地的 DLCI 号,Static 是手工设置的静态映射,IETF 是帧中继封装的报文格式,Active 指当前的 PVC 处于激活的状态。

E. 显示帧中继永久虚电路 PVC 信息。

PVC Statistics for interface Serial0 (Frame Relay DTE)
DLCI=16, DLCI USAGE=LOCAL, PVC STATUS=ACTIVE, INTERFACE=Serial0
  input pkts 15 output pkts17 in bytes 1560
  out bytes 1768 dropped pkts0 in FECN pkts 0
  in BECN pkts 0 out FECN pkts 0 out BECN pkts 0
  in DE pkts 0 out DE pkts 0
  pvc create time 00:25:48, last time pvc status changed 00:25:10

首两行显示了本 PVC 的基本信息,包括 DLCI、接口、PVC 状态、DTE 或者 DCE。末行显示出 PVC 的创建时间和最后一个状态持续的时间,根据状态持续的时间,我们可以知道帧中继的 PVC 状态保持了多久的时间,而创建的时间是 PVC 创建之后持续的时间,可能在这段时间内状态从 Active 到 Inactive 和从 Inactive 到 Active。

F. 显示帧中继交换信息。

以下显示出帧中继交换时各个接口的输入 DCLI 和输出 DLCI 的状态,其中 DLCI 通过的 serial0 接口是点到多点子接口的输出端,接口的三个 DLCI 分别对应于 210、220、230,分别交换到 serial1、serial2、serial3 接入到 serial1 接口的 DTE 的 DLCI 号是 210,接入到 serial2 接口的 DTE 的 DLCI 号是 220,接入到 serial3 接口的 DTE 的 DLCI 号是 230。

Input Intf Input Dlci Output Intf Output Dlci Status
Serial0 210 Serial1 210 active
Serial0 220 Serial2 220 active
Serial0 230 Serial3 230 active
Serial1 210 Serial0 210 active
Serial2 220 Serial0 220 active

Serial3 230 Serial0 230 active

G. 显示帧中继流量信息。

Frame Relay statistics:

ARP requests sent 0, ARP replies sent 0

ARP request recvd 0, ARP replies recvd 0

该命令显示的是 ARP 发送和接收的信息。

第七章 网络流量管理与网络安全

第一节 访问控制列表

包过滤技术(IP Filtering or Packet Filtering)的原理在于监视并过滤网络上流入流出的IP包,拒绝发送可疑的包。基于协议特定的标准,路由器在其端口能够区分包和限制包的能力叫作包过滤(Packet Filtering)。由于 Internet 与 Intranet 的连接多数都要使用路由器,所以 Router 成为内外通信的必经端口,Router 的厂商在 Router 上加入 IP 过滤功能,过滤路由器也可以称作包过滤路由器或筛选路由器(Packet Filter Router)。防火墙常常就是这样一个具备包过滤功能的简单路由器,这种 Firewall 应该是足够安全的,但前提是配置合理。然而一个包过滤规则是否完全严密及必要是很难判定的,因而在安全要求较高的场合,通常还配合使用其他的技术来加强安全性。

包过滤技术应用在路由器中,就为路由器增加了对数据包的过滤功能。一般情况下,指的是对 IP 数据包的过滤。对路由器需要转发的数据包,先获取包头信息,包括 IP 层所承载的上层协议的协议号,数据包的源地址、目的地址、源端口和目的端口等,然后和设定的规则进行比较,根据比较的结果对数据包进行转发或者丢弃。

路由器逐一审查数据包以判定它是否与其他包过滤规则相匹配。每个包有两个部分:数据部分和包头。过滤规则以 IP 包头信息为基础,不考虑包内的正文信息内容。包头信息包括:IP 源地址、IP 目的地址、封装协议(TCP、UDP 或 IP Tunnel)、TCP/UDP 源端口、ICMP 包类型、包输入接口和包输出接口。如果找到一个匹配,且规则允许接收这包,这一数据包则根据路由表中的信息前行;如果未找到一个匹配,且规则拒绝此包,这一包则被舍弃;如果无匹配规则,一个用户配置的缺省参数将决定此包是前行还是被舍弃。

包过滤规则允许 Router 取舍以一个特殊服务为基础的信息流,因为大多数服务检测器驻留于众所周知的 TCP/UDP 端口。例如,Telnet Service 为 TCP port 23 端口等待远程连接,而 SMTP Service 为 TCP Port 25 端口等待输入连接。如要封锁输入 Telnet、SMTP 的连接,则 Router 舍弃端口值为 23、25 的所有数据包。

一、访问列表概念

为了过滤数据包,需要配置一些规则,规定什么样的数据包可以通过,什么样的数据包不能通过。一般采用访问列表技术来配置过滤规则,而访问列表分为两类:①标准访问列表;②扩展访问列表。

对于每个访问列表,你可以输入具体的规则来允许或者禁止数据包,访问列表用号码来标识。针对一个访问列表的所有语句必须使用相同的号码。

标准访问列表的号码范围是 1～99,而扩展访问列表的号码范围是 100～199。

二、标准 IP 访问列表

1. 标准 IP 访问列表的命令语句及格式如下所示

注意:所有的访问列表是在全局配置模式下生成的。

access-list listnumber{ permit | deny } address [wildcard-mask]

此格式表示:允许或拒绝来自指定网络的数据包,该网络由 IP 地址(address)和地址通配比较位(wildcard-mask)指定。其中:

listnumber 为规则序号,标准访问列表的规则序号范围为 1～99。

permit 和 deny 表示允许或禁止满足该规则的数据包通过。

address 和 wildcard-mask 分别为 IP 地址和通配比较位,指定某个网络。如果 IP 地址指定为 any,则表示所有 IP 地址,而且不需配置指定相应的通配位。通配位缺省为 0.0.0.0。另一个是"host",它只能用于扩展访问列表中,用来代替掩码 0.0.0.0。在标准访问列表中,当掩码是 0.0.0.0 时省略它。

通配比较位的用法类似于子网掩码,但是写法不相同。IP 地址与地址通配位的关系语法规定如下:在通配位中相应位为 1 的地址中的位在比较中被忽略。IP 地址与通配位都是 32 位的数。如通配位是 0x00ffffff(0.255.255.255),则比较时,高 8 位需要比较,其他的都被忽略。又如 IP 地址是 129.103.1.1,通配位是 0.0.255.255,则地址与通配位合在一起表示 129.103.0.0 网段。若要表示 203.38.160.0 网段,地址位写成 203.38.160.X(X 是 0～255 之间的任意一个数字),通配位为 0.0.0.255。

并不是所有的掩码在"精确匹配"位和"无关"位之间都有两个 8 位位组的边界。有时,计算匹配性是十分困难的事。例如下面例子中第三个 8 位位组的二进制分解:

172.16.16.0 0.0.7.255

地址位:16=0 0 0 1 0 0 0 0

掩码位:7=0 0 0 0 0 1 1 1

可以看出,如果不管掩码中为 1 的相对应的地址位,这对数字描述了八种可能的数字范围,从 16～23。如下所示,可以用二进制从 16～24 来验证它:

16= 0 0 0 1 0 0 0 0
17= 0 0 0 1 0 0 0 1
19= 0 0 0 1 0 0 1 0
19= 0 0 0 1 0 0 1 1
20= 0 0 0 1 0 1 0 0
21= 0 0 0 1 0 1 0 1
22= 0 0 0 1 0 1 1 0
23= 0 0 0 1 0 1 1 1
24= 0 0 0 1 1 0 0 0

注意:当我们计数到 24 时,地址上的 23 位从 0 变成 1。23 位不再符合掩码,所以它不再属于这对数字所描述的范围内。

所有地址掩码对的 IP 地址范围是从 172.16.16.0 到 172.16.23.255。

2.配置标准ＩＰ访问列表的注意事项

(1)记住,每个访问列表的结尾含有隐式的 Deny Any,而且每个访问列表都必须包含至少一个允许的语句。

(2)当设置一个访问列表时,有两种不同的表示方法。如果你明确知道想允许的通信量,而且可用几条简单的语句描述出来,则可以明确允许那些通信量,拒绝其他的通信量。相反,如果你能够用几条简单的语句描述你想禁止的通信量,你可以明确拒绝那些通信量,然后用允许一切来结尾。一般情况下使用尽可能少的语句数,这样可以节省 CPU 周期时间。

(3)由于第一个匹配的语句将执行,所以顺序是十分重要的。由于路由器在找到第一个匹配数据包的语句时就停止工作,因此如果匹配的语句靠近表的前面,则会得到更好的性能。

三、扩展 IP 访问列表

表 7-1 是配置扩展访问列表的命令集。

表 7-1 配置扩展访问列表

操作	命令
配置 TCP/UDP 协议的扩展访问列表	access-list listnumber {permit|deny} {tcp|udp} source-addr [source-mask] dest-addr [dest-mask] [operator port1 [port2]]
配置 ICMP 协议的扩展访问列表	access-list listnumber {permit|deny} icmp source-addr [source-mask] dest-addr [dest-mask]
配置其他协议的扩展访问列表	access-list listnumber {permit|deny} protocol source-addr [source-mask] dest-addr [dest-mask]

扩展访问列表的格式如下:

access-list listnumber{ permit | deny } protocol source source-wildcard-mask destination destination-wildcard-mask [operator operand]

此格式表示允许或拒绝满足如下条件的数据包通过:

(1)带有指定的协议(portocol),如 TCP、UDP 等。

(2)数据包来自由 source 及 source-wildcard-mask 指定的网络。

(3)数据包去往由 destination 及 destination-wildcard-mask 指定的网络。

(4)该数据包的目的端口在由 operator operand 规定的端口范围之内。

其中:

listnumber 为规则序号,扩展访问列表的规则序号范围为 100~199。

permit 和 deny 表示允许或禁止满足该规则的数据包通过 。

protocol 可以指定为 0~255 之间的任一协议号(如 1 表示 ICMP 协议),对于常见协议(如 IP、TCP 和 UDP),可以直观地指定协议名,若指定为 IP,则该规则对所有 IP 包均起作用。

source 和 source-wildcard-mask 以及 destination 和 destination-wildcard-mask 之间的关系请参见标准访问列表中相关内容。如果 IP 地址指定为 any，则表示所有 IP 地址，而且不需指定相应的通配位，通配位缺省为 0.0.0.0。

operator operand 用于指定端口范围，缺省为全部端口号 0～65535，只有 TCP 和 UDP 协议需要指定端口范围。支持的操作符及其语法如表 7-2 所示。

表 7-2 扩展访问列表的操作符意义

操作符及语法	意义
eg portnumber	等于端口号 portnumber
gt portnumber	大于端口号 portnumber
lt portnumber	小于端口号 portnumber
neg portnumber	不等于端口号 portnumber
range portnumber1 portnumber2	介于端口号 portnumber1 和 portnumber2 之间

在指定 portnumber 时，对于部分常见的端口号，可以用相应的助记符来代替其实际数字，支持的助记符如表 7-3 所示。

表 7-3 端口号助记符

协议	助记符	意义及实际值
TCP	Bgp	Border Gateway Protocol (179)
	Chargen	Character generator (19)
	Cmd	Remote commands (rcmd, 514)
	Daytime	Daytime (13)
	Discard	Discard (9)
	Domain	Domain Name Service (53)
	Echo	Echo (7)
	Exec	Exec (rsh, 512)
	Finger	Finger (79)
	Ftp	File Transfer Protocol (21)
	Ftp-data	FTP data connections (20)
	Gopher	Gopher (70)
	Hostname	NIC hostname server (101)
	Irc	Internet Relay Chat (194)
	Klogin	Kerberos login (543)
	Kshell	Kerberos shell (544)
	Login	Login (rlogin, 513)
	Lpd	Printer service (515)
	Nntp	Network News Transport Protocol (119)
	Pop2	Post Office Protocol v2 (109)
	Pop3	Post Office Protocol v3 (110)

续表 7-3

协议	助记符	意义及实际值
TCP	Smtp	Simple Mail Transport Protocol (25)
	Sunrpc	Sun Remote Procedure Call (111)
	Syslog	Syslog (514)
	Tacacs	TAC Access Control System (49)
	Talk	Talk (517)
	Telnet	Telnet (23)
	Time	Time (37)
	Uucp	Unix-to-Unix Copy Program (540)
	Whois	Nicname (43)
	Www	World Wide Web (HTTP, 80)
UDP	biff	Mail notify (512)
	bootpc	Bootstrap Protocol Client (68)
	bootps	Bootstrap Protocol Server (67)
	discard	Discard (9)
	dns	Mail notify (512)
	dnsix	DNSIX Securit Attribute Token Map (90)
	echo	Echo (7)
	mobilip-ag	MobileIP-Agent (434)
	mobilip-mn	MobilIP-MN (435)
	nameserver	Host Name Server (42)
	netbios-dgm	NETBIOS Datagram Service (138)
	netbios-ns	NETBIOS Name Service (137)
	netbios-ssn	NETBIOS Session Service (139)
	ntp	Network Time Protocol (123)
	rip	Routing Information Protocol (520)
	snmp	SNMP (161)
	snmptrap	SNMPTRAP (162)
	sunrpc	SUN Remote Procedure Call (111)
	syslog	Syslog (514)
	tacacs-ds	TACACS-Database Service (65)
	talk	Talk (517)
	tftp	Trivial File Transfer (69)
	time	Time (37)
	who	Who(513)
	xdmcp	X Display Manager Control Protocol (177)

例:100 deny udp any any eq rip 表示禁止接收和发送 RIP 报文。

100 permit tcp 129.8.0.0 0.0.255.255 202.39.160.0 0.0.0.255 eq www 表示允许从 129.8.0.0 网段的主机向 202.39.160.0 网段的主机发送 www 报文。

四、在接口上应用访问列表

表7-4是配置指定接口上访问列表的命令集。

表7-4 配置指定接口上访问列表的命令集

操作意义	操作命令
指定接口上过滤接收报文的规则	ip access-group listnumber in
取消接口上过滤接收报文的规则	no ip access-group listnumber in
指定接口上过滤发送报文的规则	ip access-group listnumber out
取消接口上过滤发送报文的规则	no ip access-group listnumber out

你不仅需要建立想启用的访问列表,同时还必须将它提供给每个想用它的接口。一个访问列表可用于同一个路由器的许多不同的接口。

进入接口配置模式,使用命令 IP access-group 1 out 将该接口放入使用访问列表 101 作为过滤的组。注意命令末端的参数 out,out 是默认参数,它表示数据包将在从路由器到出站的路上进行过滤。因为 out 是默认参数,可以省略,所以 IP access-group 101 表示同样的意思。

如果将其用作网络接口的入站数据包过滤,使用命令 IP access-group 101 in。参数 in|out 表示是入站还是出站。如果你想让访问列表对两个方向都有用,则两个参数都要加上,一个表示入站,一个表示出站。对于每个协议的每个接口的每个方向,只能提供一个访问列表。

五、访问列表的核验

当配置完 IP 访问列表后,如果想确认是否正确,可以使用 Show access-lists 命令和 Show ip interfaces 命令来检验 IP 访问列表。

Show access-lists 命令显示路由器中所有的访问列表,包括 IP、IPX 和 Apple Talk。Show access-lists 命令的输出结果,显示了路由器中配置的标准和扩展访问列表。

此时可以看到,Show access-lists 命令显示了路由器中所有类型的访问列表的配置细节,而不单单是 IP 访问列表。我们可以在命令行中指定特定的访问列表号来单独显示一个访问列表。

Show IP interfaces 命令提供了接口配置的 IP 指定方面的信息,它被专用来看什么数据包过滤应用于接口。它并不显示访问列表的内容,而只有访问列表的号码。

第二节 交换机的端口安全

使用交换机进行网络互连时,经常需要对交换机的端口进行访问。为了防范对端口的恶意访问,可以使用端口安全特性来约束进入一个端口的访问,可以使用基于绑定和识别站点的 MAC 地址的方法来实现端口安全。

当你绑定了固定的 MAC 地址给一个端口,这个端口不会转发限制以外的 MAC 地址为源的包。如果你限制安全 MAC 地址的数目为 1，并且把这个唯一的源地址绑定了，那么连接在这个接口的主机将独自占有这个端口的全部带宽。

如果一个端口已经达到了配置的最大数量的安全 MAC 地址，当这个时候又有另一个 MAC 地址要通过这个端口连接的时候就会发生安全违规(Security Violation)；同理，如果一个站点配置了 MAC 地址安全或者是从一个安全端口试图连接到另一个安全端口，数据包就会打上违规标志。

一、理解端口安全

当给一个端口配置了最大安全 MAC 地址数量，安全地址是以以下方式包括在一个地址表中的：

如果要配置所有的 MAC 地址，使用 switchport port-security mac-address ＜mac 地址＞这个接口命令。

可以允许动态配置安全 MAC 地址，使用已连接设备的 MAC 地址。可以配置一个地址的数目且允许保持动态配置。

如果这个端口 shutdown 了，所有的动态学习的 MAC 地址都会被移除。

一旦达到配置的最大的 MAC 地址的数量，地址们就会被存在一个地址表中。设置最大 MAC 地址数量为 1，并且配置连接到设备的地址，确保这个设备独占这个端口的带宽。

当以下情况发生时就是一个安全违规：

(1)最大安全数目 MAC 地址表外的一个 MAC 地址试图访问这个端口。

(2)一个 MAC 地址被配置为其他的接口的安全 MAC 地址的站点试图访问这个端口。

你可以配置接口的三种违规模式，这三种模式是基于违规发生后的动作：

(1)protect——当 MAC 地址的数量达到了这个端口所允许的最大数量，带有未知的源地址的包就会被丢弃，直到删除了足够数量的 MAC 地址，降到最大数值以下才不会被丢弃。

(2)restrict——丢充未允许的 MAC 地址流量，创建日志消息，并发送 SNMP Trap 消息。

(3)shutdown——一个导致接口马上 shutdown，并且发送 SNMP 陷阱的端口安全违规动作。当一个安全端口处在 error-disable 状态，要恢复正常必须使用全局下的 errdisable recovery cause psecure-violation 命令，或者可以手动 shut 再 no shut 端口。这个是端口安全违规的默认动作。

二、默认的端口安全配置

以下是端口安全在接口下的配置。

特性:port-sercurity　　默认设置:关闭

特性:最大安全 MAC 地址数目　　默认设置:1

特性:违规模式　　默认配置:shutdown，此端口在最大安全 MAC 地址数量达到的时候会 shutdown，并发送 snmp trap 消息。

1. 配置向导

下面是配置端口安全的向导。

(1)安全端口不能在动态的 Access 口或者 Trunk 口上做，换言之，当输入 port-secure 之前必须是在 switch mode acc 之后。

(2)安全端口不能是一个被保护的口。

(3)安全端口不能是 SPAN 的目的地址。

(4)安全端口不能属于 GEC 或 FEC 的组。

(5)安全端口不能属于 802.1x 端口。如果你在安全端口试图开启 802.1x,就会有报错信息,而且 802.1x 也关了。如果你试图改变开启了 802.1x 的端口为安全端口,错误信息就会出现,安全性设置不会改变。

2. 配置案例

(1)在 f0/12 上最大 MAC 地址数目为 5 的端口安全,违规动作为默认。

switch#config t

Enter configuration commands, one per line. End with CNTL/Z.

switch(config)# int f0/12

switch(config-if)# swi mode acc

switch(config-if)# swi port-sec

switch(config-if)# swi port-sec max 5

switch(config-if)# end

switch# show port-sec int f0/12

Security Enabled:Yes, Port Status:SecureUp

Violation Mode:Shutdown

Max. Addrs:5, Current Addrs:0, Configure Addrs:0

(2)如何配置 f0/12 安全 MAC 地址

switch(config)# int f0/12

switch(config-if)# swi mode acc

switch(config-if)# swi port-sec

switch(config-if)# swi port-sec mac-add 1111.1111.1111

switch(config-if)# end

switch# show port-sec add

Secure Mac Address Table

- - - - - - - - - - - - - - - - -

Vlan   Mac Address   Type   Ports

- - - - - - - - - - - - - - - - -

1   1000.2000.3000   Secure Configured   Fa0/12

(3)配置端口安全超时时间为两小时。

switch(config)# int f0/12

switch(config)# swi port-sec aging time 120

(4)端口安全超时时间两分钟,给配置了安全地址的接口,类型为 inactivity aging:

switch(config-if)# swi port-sec aging time 2

switch(config-if)# swi port-sec aging type inactivity

switch(config-if)# swi port-sec aging static

show port-security interface f0/12 可以查看状态

其他查看命令含义 show
show port-security 看哪些接口启用了端口安全
show port-security address 看安全端口 MAC 地址绑定关系

第三节　防火墙基础

　　防火墙是个比较热的词,大家平时也肯定或多或少地接触到了这个词,我们力求在防火墙这个专题中给予大家更多的关于防火墙的知识,在这里我们所指的防火墙是 Internet 的防火墙,包括个人的和企业的。所谓"病毒防火墙"不是我们这次讨论的范畴,因为其本身只是杀毒软件的一个新功能。

　　防火墙(Firewall)定义:一种确保网络安全的方法。防火墙可以被安装在一个单独的路由器中,用来过滤不想要的信息包,也可以被安装在路由器和主机中,发挥更大的网络安全保护作用。防火墙被广泛用来让用户在一个安全屏障后接入互联网,还被用来把一家企业的公共网络服务器和企业内部网络隔开。另外,防火墙还可以被用来保护企业内部网络某一个部分的安全。例如,一个研究或者会计子网可能很容易受到来自企业内部网络的窥探。

　　简单说防火墙就是一个位于计算机和它所连接的网络之间的软件。该计算机流入流出的所有网络通信均要经过此防火墙。

　　防火墙的功能:防火墙对流经它的网络通信进行扫描,这样能够过滤掉一些攻击,以免其在目标计算机上被执行。防火墙还可以关闭不使用的端口,而且它还能禁止特定端口的流出通信,封锁特洛伊木马。最后,它可以禁止来自特殊站点的访问,从而防止来自不明入侵者的所有通信。

　　使用防火墙的原因:防火墙具有很好的保护作用。入侵者必须首先穿越防火墙的安全防线,才能接触目标计算机。你可以将防火墙配置成许多不同保护级别。高级别的保护可能会禁止一些服务,如视频流等,但至少这是你自己的保护选择。

　　防火墙有不同类型:一个防火墙可以是硬件自身的一部分,你可以将因特网连接和计算机都插入其中。防火墙也可以在一个独立的机器上运行,该机器作为它背后网络中所有计算机的代理和防火墙。另外,直接连在因特网的机器可以使用个人防火墙。

　　网络防火墙早已是一般企业用来保护企业网络安全的主要机制。然而,企业网络的整体安全涉及的层面相当广,防火墙不仅无法解决所有的安全问题,防火墙所使用的控制技术、自身的安全保护能力、网络结构、安全策略等因素都会影响企业网络的安全性。

　　在众多影响防火墙安全性能的因素中,有些是管理人员可以控制的,但是有些却是在选择了防火墙之后便无法改变的特性,其中一个很关键的就是防火墙所使用的存取控制技术。目前防火墙的控制技术大概可分为:封包过滤型(Packet Filter)、封包检验型(Stateful Inspection Packet Filter)以及应用层闸通道型(Application Gateway)。这三种技术分别在安全性或效能上有其特点,不过一般人往往只注意防火墙的效能而忽略了安全性与效率之间的冲突。本书针对防火墙这三种技术进行说明,并比较各种方式的特色以及可能带来的安全风险或效能损失。

　　(1)封包过滤型:封包过滤型的控制方式会检查所有进出防火墙的封包标头内容,如对来源及目的 IP、使用协定、TCP 或 UDP 的 Port 等信息进行控制管理。现在的路由器、Switch

Router以及某些操作系统已经具有用Packet Filter控制的能力。封包过滤型控制方式最大的好处是效率高,但却有几个严重缺点:管理复杂,无法对连线做完全的控制,规则设置的先后顺序会严重影响结果,不易维护以及记录功能少。

(2)封包检验型:封包检验型的控制机制是通过一个检验模组对封包中的各个层次作检验。封包检验型可谓是封包过滤型的加强版,目的是增加封包过滤型的安全性,增加控制"连线"的能力。但由于封包检验的主要检查对象仍是个别的封包,不同的封包检验方式可能会产生极大的差异。其检查的层面越广将会越安全,但其相对效能也越低。

封包检验型防火墙在检查不完全的情况下,可能会造成问题。已公布的有关Firewall-1的Fast Mode TCP Fragment的安全弱点就是其中一例,这个为了增加效能的设计反而成了安全弱点。

(3)应用层闸通道型:应用层闸通道型的防火墙采用将连线动作拦截,由一个特殊的代理程序来处理两端间连线的方式,并分析其连线内容是否符合应用协定的标准。这种方式的控制机制可以从头到尾有效地控制整个连线的动作,而不会被Client端或Server端欺骗,在管理上也不会像封包过滤型那么复杂。但必须针对每一种应用写一个专属的代理程序,或用一个一般用途的代理程序来处理大部分连线。这种运作方式是最安全的方式,但也是效能最低的一种方式。

防火墙是为保护安全性而设计的,安全应是其主要考虑的因素。因此,与其一味地要求效能,不如去思考如何在不影响效能的情况下提供最大的安全保护。

上述三种运作方式虽然在效能上有所区别,但我们在评估效能的同时,必须考虑这种效能的差异是否会对实际运作造成影响。事实上,对大部分仍在使用T1以下或未来的xDSL等数Mbps的"宽带"网而言,即便是使用Application Gateway也不会真正影响网络的使用效能。在这种应用环境下,防火墙的效能不应该是考虑的重点。但是,当防火墙是架在企业网络的不同部门之间时,企业就必须考虑这种效能上的牺牲是否可以接受。

附录一 基础实验部分

实验室提供了二层和三层交换机、路由器和网络安全设备供学生配置和管理。

进行实验之前,需对机房网络环境和拓扑结构有比较全面的了解,对 RCMS 的使用有一定的认知(可以进入锐捷网站查看和下载相关的文档资料,图 1)。

图 1 RCMS 登录示意图

在 PC 机上通过如下地址进入 RCMS(具体数据以机柜门上标签为准):

1 组:http://172.16.1.1:8080

2 组:http://172.16.1.2:8080

3 组:http://172.16.1.3:8080

4 组:http://172.16.1.4:8080

5 组:http://172.16.1.5:8080

6组:http://172.16.1.6:8080

7组:http://172.16.1.7:8080

上面会显示所有RCMS所连接的设备。通过双击输入设备下面的名字可以快速地切换到相应的设备。

实验一 交换机基本配置

【实验名称】

配置交换机支持Telnet。

【实验目的】

掌握交换机的管理特性,学会配置交换机支持Telnet操作的相关语句。

【背景描述】

假设某学校的网络管理员第一次在设备机房对交换机进行了初次配置后,他希望以后在办公室或出差时也可以对设备进行远程管理,现要在交换机上作适当配置,使他可以实现这一功能。

本实验以S3760-48交换机为例,交换机命名为SwitchA。一台PC机通过串口(Com)连接到交换机的控制(Console)端口,通过网卡(NIC)连接到交换机的F0/1端口。假设PC机的IP地址和网络掩码分别为192.168.0.137,255.255.255.0,配置交换机的管理IP地址和网络掩码分别为192.168.0.138,255.255.255.0。

【实现功能】

使网络管理员可以通过Telnet对交换机进行远程管理。

【实验拓扑】

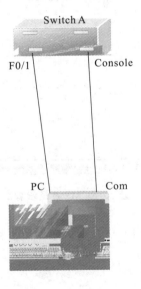

【实验设备】

S3760-48(1台)。

【实验步骤】

步骤1 在交换机上配置管理IP地址。

S3760#enable 14   ! 进入特权模式
Password：hg
S3760#configure terminal   ! 进入全局配置模式
S3760(config)#hostname switchA   ! 配置交换机名称为"switchA"
SwitchA(config)#interface vlan 1   ! 进入交换机管理接口配置模式
SwitchA(config-if)#ip address 192.168.0.138 255.255.255.0   ! 配置交换机管理接口 IP 地址
SwitchA(config-if)#no shutdown   ! 开启交换机管理接口
验证测试：验证交换机管理 IP 地址已经配置和开启
SwitchA#show ip interface   ! 验证交换机管理 IP 地址已经配置,管理接口已经开启
Interface   : VL1
Description   : Vlan 1
OperStatus   : up
ManagementStatus   : Enabled
Primary Internet address : 192.168.0.138/24
Broadcast address   : 255.255.255.255
PhysAddress   : 00d0.f8bf.fe66
或：
SwitchA#show interface vlan 1   ! 验证交换机管理 IP 地址已经配置,管理接口已经开启
Interface   : Vlan 1
Description   :
AdminStatus   : up
OperStatus   : up
Hardware   : -
Mtu   : 1500
LastChange   : 0d:0h:0m:0s
ARP Timeout   : 3600 sec
PhysAddress   : 00d0.f8bf.fe66
ManagementStatus：Enabled
Primary Internet address：192.168.0.138/24
Broadcast address   ：255.255.255.255

步骤 2 配置交换机远程登录密码。
SwitchA(config)#enable secret level 1 0 rg   ! 1 表示远程登录,0 表示是以密文形式传输,并设置交换机远程登录密码为"rg"。

步骤 3 配置交换机特权模式密码。
SwitchA(config)#enable secret level 15 0 rg   ! 15 表示特权模式,0 表示是以密文形式传输,并设置交换机特权模式密码为"rg"。

验证测试：验证从 PC 机可以通过网线远程登录到交换机上。
验证测试：验证从 PC 机通过网线远程登录到交换机上后可以进入特权模式。
C:\>telnet 192.168.0.138   ！从 PC 机登录到交换机上

```
User Access Verification

Password:
switchA>
```

步骤 4　保存在交换机上所做的配置。
SwitchA♯copy running-config startup-config　！保存交换机配置
或：SwitchA♯ write memory
或：SwitchA♯ wr

验证测试：验证交换机配置已保存
　　　SwitchA♯show configure！验证交换机配置已保存
Using 254 out of 6291456 bytes
!
version 1.0
!
hostname switchA
vlan 1
!
enable secret level 1 5 "_;C,tZ[20<D+S(\W9=G1X)sR:>H.Y*T
enable secret level 15 5 "E,1u_;C2&-8U0<DW'.tj9=Go+/7R:>H
!
interface vlan 1
no shutdown
ip address 192.168.0.138 255.255.255.0
!
end

【注意事项】
　　交换机的管理接口缺省一般是关闭的(shutdown)，因此在配置管理接 interface vlan 1 的 IP 地址后，须用命令"no shutdown"开启该接口。

实验二 利用 TFTP 管理交换机配置

一、备份交换机配置到 TFTP 服务器

【实验名称】
备份交换机配置到 TFTP 服务器。

【实验目的】
能够将交换机配置文件备份到 TFTP 服务器。

【背景描述】
作为网络管理员,你在交换机上作好配置后,需要将配置文件作备份,以备将来需要时用。

本实验以一台 S2126G 交换机为例,交换机名为 SwitchA。一台 PC 机通过串口(Com)连接到交换机的控制(Console)端口,通过网卡连接到交换机的 fastethernet 0/1 端口。假设 PC 机的 IP 地址和网络掩码分别为 192.168.0.137,255.255.255.0,PC 机上已安装和打开了 TFTP Server 程序,且在 PC 机上已经准备好了新的交换机操作系统。

【实现功能】
保存交换机配置文件的备份。

【实验拓扑】

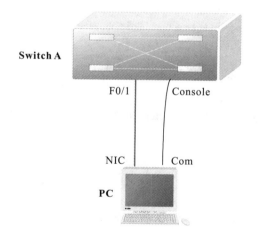

【实验设备】
S2126G(1 台)。

【实验步骤】
步骤 1 在交换机上配置管理接口 IP 地址。
SwitchA(config)#interface vlan 1 ! 进入交换机管理接口配置模式
SwitchA(config-if)#ip address 192.168.0.138 255.25.255.0 ! 配置交换机管理接口 IP 地址
SwitchA(config-if)#no shutdown ! 开启交换机管理接口
验证测试:验证交换机管理 IP 地址已经配置和开启,TFTP 服务器与交换机有网络连通

性。

　　SwitchA♯show ip interface　！验证交换机管理 IP 地址已经配置，管理接口已开启
　　SwitchA♯ping 192.168.0.137　！验证交换机与 TFTP 服务器具有网络连通性

步骤2　备份交换机配置。
SwitchA♯copy running-config startup-config　！保存交换机的当前配置
SwitchA♯copy starup-config tftp：　！备份交换机的配置到 TFTP 服务器
Address of remote host []192.168.0.137　！按提示输入 TFTP 服务器 IP 地址
Destination filename【config.text】？　！选择要保存的配置文件名称
％Success；Transmission success，file length 302
验证测试：验证已经保存的配置文件
打开 TFTP 服务器上的配置文件 C:\config.text
【注意事项】
在备份交换机配置之前，须验证交换机与 TFTP 服务器具有网络连通性。

二、从 TFTP 服务器恢复交换机配置

【实验名称】
从 TFTP 服务器恢复交换机配置。
【实验目的】
能够从 TFTP 服务器恢复交换机配置。
【背景描述】
　　假设某台交换机的配置文件由于操作失误或者其他原因被破坏了，现在需要从 TFTP 服务器上的备份配置文件中恢复。
　　本实验以一台 S2126G 交换机为例，交换机名为 SwitchA。一台 PC 机通过串口(Com)连接到交换机的控制(Console)端口，通过网卡连接到交换机的 fastethernet 0/1 端口。假设 PC 机的 IP 地址和网络掩码分别为 192.168.0.137,255.255.255.0,PC 机上已安装和打开了 TFTP Server 程序，且在 PC 机上已经准备好了新的交换机控制系统。
【实验功能】
使网络管理员可以将已有的配置恢复到交换机上。
【实验拓扑】

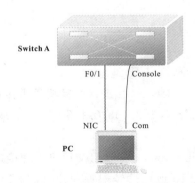

【实验设备】

S2126G(1台)。

【实验步骤】

步骤1　在交换机上配置管理接口IP地址。

SwitchA(config)#interface vlan 1　！进入交换机管理接口配置模式

SWitchA(config-if)#ip address 192.168.0.138 255.255.255.0　！配置交换机管理接口IP地址

SwitchA(config-if)#no shutdown　！开启交换机管理接口

验证测试：验证交换机管理IP地址已经配置和开启，TFTP服务器与交换机有网络连通性

SwitchA#show ip interface　！验证交换机管理IP地址已经配置，管理接口已开启

SwitchA#ping 192.168.0.137　！验证交换机与TFTP服务器具有网络连通性

步骤2　加载交换机配置。

SwitchA#copy tftp:startup-config　！加载配置到交换机的初始配置文件中

Source filename【】? Config.text　！按提示输入源文件名

Address of remote host【】192.168.0.137　！按提示输入TFTP服务器的IP地址

%Success：Transmission success，file length 302

步骤3　重启交换机，使新的配置生效

SwitchA#reload　！重启交换机

System configuration has been modified. Save?【yes/no】:n　！选择no

Proceed with reload?【config】

【注意事项】

在备份交换机配置文件之前，须验证交换机与TFTP服务器具有网络连通性。

实验三　路由器的基本配置

【实验名称】

如何配置路由器支持Telnet。

【实验目的】

掌握路由器的管理特性，学会配置路由器支持Telnet操作的相关语句。

【背景描述】

假设某学校的网络管理员第一次在设备机房对路由器进行了初次配置后，他希望以后在办公室或出差时也可以对设备进行远程管理，现要在路由器上作适当配置，使他可以实现这一功能。

本实验以一台R2624路由器为例，路由器命名为RouterA。一台PC机通过串口(Com)连接到路由器的控制(Console)端口，通过网卡(NIC)连接到路由器的fastethernet0端口。假设PC机的IP地址和网络掩码分别为192.168.0.137,255.255.255.0,配置路由器的fastethernet0 端口的 IP 地址和网络掩码分别为 192.168.0.138,255.255.255.0。

【实验功能】

使网络管理员可以通过 Telnet 对路由器进行远程管理。

【实验拓扑】

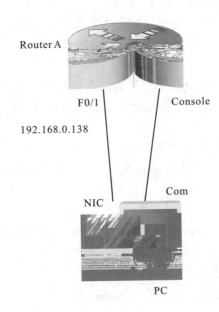

【实验设备】

R2624(1 台)。

【实验步骤】

步骤 1　在路由器上配置 fastethernet0 端口的 IP 地址。

Red-Giant＞enable　　！进入特权模式

Red-Giant＃configure terminal　　！进入全局配置模式

Red-Giant(config)＃hostname routerA　　！配置路由器名称为"RouterA"

routerA(config)＃interface fastethernet0　　！进入路由器接口配置模式

routerA(config-if)＃ip address 192.168.0.138 255.255.255.0　　！配置路由器管理接口 IP 地址

routerA(config-if)＃no shutdown　　！开启路由器 fastethernet0 接口

验证测试:验证路由器接口 fastethernet0 的 IP 地址已经配置和开启

routerA＃show ip interface fastethernet0

或:

routerA＃show ip interface brief

步骤 2　配置路由器远程登录密码。

routerA(config)＃line vty 0 4　　！进入路由器线路配置模式,配置前 5 个用户登录的密码

routerA(config-line)＃login　　！配置远程登录

routerA(config-line)＃password rg　　！设置路由器远程登录密码为"rg"

routerA(config-line)#end ！退出线路配置模式

步骤 3　配置路由器特权模式密码。
routerA(config)#enable secret rg　！设置路由器特权模式密码为"rg"，secret 是以密文方式传输密码信号
或：
routerA(config)#enable password rg　！设置路由器特权模式密码为"rg"，password 是以明文方式传输密码信号
验证测试：验证从 PC 机可以通过网线远程登录到路由器上
c:\telnet 192.168.0.138 ！从 PC 机登录到路由器上

步骤 4　保存在路由器上所作的配置。
routerA(config)#wr
验证测试：验证路由器配置已保存
routerA(config)#show startup-config
或：
routerA(config)#show run　 ！显示现在的内存中的配置

【注意事项】
路由器接口缺省是关闭的(shutdown)，因此必须在配置接口 fastethernet 的 IP 地址后用命令"no shutdown"开启该接口。

实验四　利用 TFTP 管理路由器配置

一、备份路由器配置到 TFTP 服务器

【实验名称】
备份路由器配置到 TFTP 服务器。
【实验目的】
能够将路由器配置文件备份到 TFTP 服务器。
【背景描述】
作为网络管理员，你在路由器上作好配置后，需要将其配置文件作备份，以备将来需要时使用。
本实验以一台 R2624 路由器为例，路由器名为 RouterA，一台 PC 机通过串口(Com)连接到路由器的控制(Console)端口，通过网卡连接到路由器的 fastethernet 0/1 端口。假设 PC 机的 IP 地址和网络掩码分别为 192.168.0.137，255.255.255.0，路由器的 fastethernet0 端口的 IP 地址和网络掩码分别为 192.168.0.138，255.255.255.0。
【实现功能】
使网络管理员可以将已有的路由器恢复到路由器上。

【实验拓扑】

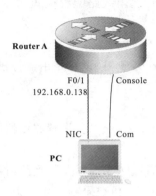

【实验设备】
R2624(1 台)。

【实验步骤】
步骤 1 在路由器上配置 fastethernet0 端口的 IP 地址。
RouterA(config)#interface fastethernet 0 ！进入路由器管理接口配置模式
RouterA(config-if)#ip address 192.168.0.138 255.255.255.0 ！配置路由器管理接口 IP 地址
RouterA(config-if)#no shutdown ！开启路由器管理接口
验证测试：验证路由器管理 IP 地址已经配置和开启，PC 机与路由器有网络连通性
RouterA#show ip interface ！验证路由器管理 IP 地址已经配置，管理接口已开启
RouterA#ping 192.168.0.137 ！验证路由器与 TFTP 服务器具有网络连通性

步骤 2 备份路由器配置。
RouterA#copy running-config tftp！备份路由器的当前配置文件到 TFTP 服务器
Remote host []？192.168.0.137 ！按提示输入 TFTP 服务器 IP 地址
Name of configuration file【routera-config】！选择输入配置文件名
Configure using routera-config from 192.168.0.137?【confirm】
Loading routera-config from 192.168.0.137（via fastethernet0）：！
【ok － 608/32727 bytes】
或：
RouterA#copy startup-config TFTP ！备份路由器的初始配置到 TFTP 服务器
验证测试：验证已经保存的配置文件
打开 TFTP 服务器上的配置文件 C:\routera-config
【注意事项】
在恢复配置到路由器之前，须验证路由器与 TFTP 服务器具有网络连通性。

二、从 TFTP 服务器恢复路由器配置

【实验名称】
备份路由器配置到 TFTP 服务器。

【实验目的】

能够将路由器配置文件备份到 TFTP 服务器。

【背景描述】

假设某台路由器的配置文件由于误操作或其他某种原因被破坏了,现在需要从 TFTP 服务器上的配置文件中恢复。

本实验以一台 R2624 路由器为例,路由器名为 RouterA。一台 PC 机通过串口(Com)连接到路由器的控制(Console)端口,通过网卡连接到路由器的 fastethernet 0/1 端口。假设 PC 机的 IP 地址和网络掩码分别为 192.168.0.137,255.255.255.0,路由器的 fastethernet0 端口的 IP 地址和网络掩码分别为 192.168.0.138,255.255.255.0。

【实验功能】

使网络管理员可以将已有的路由器配置恢复到路由器上。

【实验拓扑】

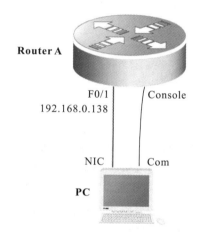

【实验设备】

R2624(1 台)。

【实验步骤】

步骤 1　在路由器上配置管理接口 IP 地址。

RouterA(config)#interface fastethernet 0　　! 进入路由器管理接口配置模式

RouterA(config-if)#ip address 192.168.0.138 255.255.255.0　　! 配置路由器管理接口 IP 地址

RouterA(config-if)#no shutdown　　! 开启路由器 fastethernet0 接口

验证测试:验证路由器管理 IP 地址已经配置和开启,TFTP 服务器与路由器有网络连通性

RouterA#show ip interface brief　　! 验证路由器管理 IP 地址已经配置,管理接口已开启

RouterA#ping 192.168.0.137　　! 验证路由器与 TFTP 服务器具有网络连通性

步骤 2　恢复路由器配置。

RouterA#copy tftp running-config　　! 恢复配置到路由器当前配置文件中

Address of remote host【255.255.255.0】? 192.168.0.137　　! 输入 TFTP 服务器的 IP 地址

Name of configuration file to write{routera -config}?   !选择输入配置文件
RouterA#copy running-config startup-config!保存路由器的当前配置文件
或：
RouterA#copy tftp startup-config   !恢复配置到路由器当前配置文件中
RouterA#copy startup-config running-config   !将配置文件拷贝到路由器的当前配置文件中
验证测试：验证路由器已经更改为新的配置
RouterA# show run

实验五　虚拟局域网 VLAN

一、交换机端口隔离

【实验名称】
交换机端口隔离。

【实验目的】
理解 Port VLAN 的配置。

【背景描述】
假设此交换机是宽带小区城域网中的一台楼道交换机，住户 PC1 连接在交换机的 0/5 口，住户 PC2 连接在交换机的 0/15 口，现要实现各家各户的端口隔离。

【实现功能】
通过 Port VLAN 实现本交换机端口隔离。（通过虚拟局域网技术可以隔离网络风暴，提高网络的性能，降低无用的网络开销。并能提高网络的安全性、保密性。）

【实现拓扑】

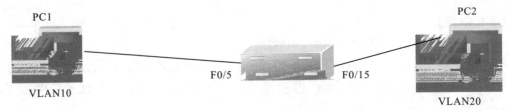

【实验设备】
S2126（1 台）。

【实验步骤】
步骤 1　在未划 VLAN 前，两台 PC 互相 PING 可以通。
SwitchA#configure terminal   !进入交换机全局配置模式
SwitchA(config)#vlan 10   !创建 VLAN10
SwitchA(config-vlan)#name test10   !将其命名为 test10
SwitchA(config-vlan)#   !退出 VLAN 10
SwitchA(config)#vlan 20   !创建 VLAN 20

SwitchA(config-vlan)#name test20   ！将其命名为 test 20
验证测试
SwitchA#show vlan

步骤 2　将接口分配到 VLAN。
SwitchA(config)#interface fastethernet 0/5   ！进入 fastethernet0/5 的接口配置模式
SwitchA(config-if)#switch access vlan 10   ！将 fastethernet 0/5 端口加入 VLAN 10 中
SwitchA(config-if)#exit

SwitchA(config)#interface fastethernet 0/15！进入 fastethernet0/15 的接口配置模式
SwitchA(config-if)#switch access vlan 20！将 fastethernet 0/15 端口加入 VLAN 20 中

步骤 3　两台 PC 互相 PING 不通。
验证测试
SwitchA#show vlan

二、跨交换机实现 VLAN

【实验名称】
跨交换机实现 VLAN。
【实验目的】
理解 VLAN 如何跨交换机实现。
【背景描述】
假设某企业有两个主要部门：销售部和技术部。其中销售部门的个人计算机系统分散连接在两台交换机上，他们之间需要相互连接通信，但为了数据安全起见，销售部和技术部需要进行相互隔离，现要在交换机上作适当配置来实现这一目标。
【实现功能】
使在同一 VLAN 里的计算机系统能通过交换机进行相互通信，而在不同 VLAN 里的计算机系统不能进行相互通信。
【实验拓扑】

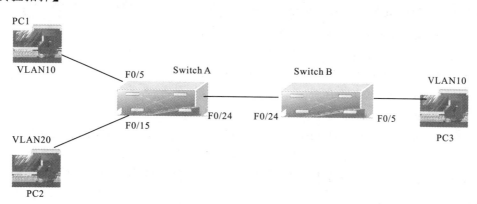

【实验设备】

S2126（2台）。

【实验步骤】

步骤1　在交换机SwitchA上创建VLAN10，并将0/5端口划分到VLAN10中。

SwitchA#configure terminal　　！进入全局配置模式

SwitchA(config)#vlan 10　　！创建VLAN10

SwitchA(config-vlan)#name sales　　！将其命名为sales

SwitchA(config-vlan)#exit

SwitchA(config)#interface fastethernet 0/5　　！进入接口配置模式

SwitchA(config-if)#switchport access vlan 10　　！将0/5端口划分到VLAN10中

步骤2　在交换机SwitchA上创建VLAN20，并将0/15端口划分到VLAN20中。

SwitchA#configure terminal！进入全局配置模式

SwitchA(config)#vlan 20　　！创建VLAN20

SwitchA(config-vlan)#name technical　　！将其命名为technical

SwitchA(config-vlan)#exit

SwitchA(config)#intErface fastethernet 0/15　　！进入接口配置模式

SwitchA(config-if)#switchport access vlan 20　　！将0/5端口划分到VLAN20中

验证测试：验证已创建了VLAN20，并已将0/15端口划分到VLAN20中

SwitchA#show vlan

步骤3　在交换机SwitchA上将与SwitchB相连的端口（假设为0/24端口）定义为tag vlan模式。

SwitchA(config)#interface fastethernet 0/24　　！进入接口配置模式

SwitchA(config-if)#switchport mode trunk　　！将fastethernet0/24端口设为tag vlan模式

验证测试：验证fastethernet 0/24端口已被设置为tag vlan模式

SwitchA#show interfaces fastethernet 0/24 switchport

步骤4　在交换机SwitchB上创建VLAN10，并将0/5端口划分到VLAN10中。

SwitchB#configure terminal　　！进入全局配置模式

SwitchB(config)#vlan 10　　！创建VLAN10

SwitchB(config-vlan)#name sales　　！将其命名为sales

SwitchB(config-vlan)#exit

SwitchB(config)#interface fastethernet 0/5　　！进入接口配置模式

SwitchB(config-if)#switchport access vlan 10　　！将0/5端口划分到VLAN10中

步骤5　在交换机SwitchB上将与SwitchA相连的端口（假设为0/24端口）定义为tag vlan模式。

SwitchB(config)#interface fastethernet 0/24   ！进入接口配置模式
SwitchB(config-if)#switchport mode trunk   ！将 fastethernet0/24 端口设为 tag vlan 模式

步骤6 验证 PC1 与 PC3 能互相通信，但 PC2 与 PC3 不能互相通信。
c:\ping 192.168.0.30
【注意事项】
两台交换机之间相连的端口应该设置为 tag vlan 模式。

三、VLAN/802.1Q-VLAN 间通信

【实验名称】
VLAN/802.1Q-VLAN 间互相通信。
【实验目的】
通过三层交换机实现 VLAN 间互相通信。
【背景描述】
假设某企业有两个主要部门：销售部和技术部。其中销售部门的个人计算机系统分散连接在两台交换机上，他们之间需要相互进行通信，销售部和技术部也需要进行相互通信，现要在交换机上作适当配置来实现这一目标。
【实现功能】
使在同一 VLAN 里的计算机系统能跨交换机进行相互通信，而在不同 VLAN 里的计算机系统也能进行相互通信。
【实验拓扑】

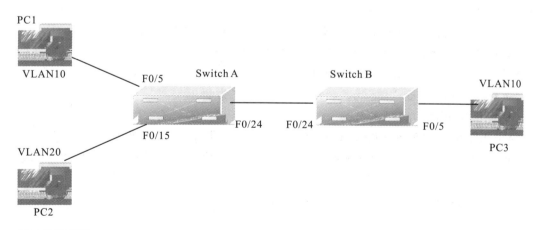

【实验设备】
S2126(1 台)，S3550-24(1 台)。
【实验步骤】
步骤1 在交换机 SwitchA 上创建 VLAN10，并将 0/5 端口划分到 VLAN10 中。
SwitchA#configure terminal   ！进入全局配置模式
SwitchA(config)#vlan 10   ！创建 VLAN10

SwitchA(config-vlan)#name sales　　!将其命名为 sales
SwitchA(config-vlan)#exit
SwitchA(config)#interface fastethernet 0/5　　!进入接口配置模式
SwitchA(config-if)#switchport access vlan 10　　!将 0/5 端口划分到 VLAN10 中

步骤 2　在交换机 SwitchA 上创建 VLAN20，并将 0/15 端口划分到 VLAN20 中。
SwitchA#configure terminal　　!进入全局配置模式
SwitchA(config)#vlan20　　!创建 VLAN20
SwitchA(config-vlan)#name technical　　!将其命名为 technical
SwitchA(config-vlan)#exit
SwitchA(config)#interface fastethernet 0/15　　!进入接口配置模式
SwitchA(config-if)#switchport access vlan 20　　!将 0/5 端口划分到 VLAN20 中
验证测试：验证已创建了 VLAN 20，并已将 0/15 端口划分到 VLAN20 中
SwitchA#show vlan

步骤 3　在交换机 SwitchA 上将与 SwitchB 相连的端口（假设为 0/24 端口）定义为 tag vlan 模式。
SwitchA(config)#interface fastethernet 0/24　　!进入接口配置模式
SwitchA(config-if)#switchport mode trunk　　!将 fastethernet0/24 端口设为 tag vlan 模式
验证测试：验证 fastethernet 0/24 端口已被设置为 tag vlan 模式
SwitchA#show interfaces fastethernet 0/24 switchport

步骤 4　在交换机 SwitchB 上创建 VLAN10，并将 0/5 端口划分到 VLAN10 中。
SwitchB#configure terminal　　!进入全局配置模式
SwitchB(config)#vlan 10　　!创建 VLAN10
SwitchB(config-vlan)#name sales　　!将其命名为 sales
SwitchB(config-vlan)#exit
SwitchB(config)#interface fastethernet 0/5　　!进入接口配置模式
SwitchB(config-if)#switchport access vlan 10　　!将 0/5 端口划分到 VLAN10 中

步骤 5　在交换机 SwitchB 上将与 SwitchA 相连的端口（假设为 0/24 端口）定义为 tag vlan 模式。
SwitchB(config)#interface fastethernet 0/24　　!进入接口配置模式
SwitchB(config-if)#switchPort mode trunk　　!将 fastethernet0/24 端口设为 tag vlan 模式

步骤 6　验证 PC1 与 PC2 能互相通信，但 PC2 与 PC3 不能互相通信。
c:\ping 192.168.0.30

步骤 7　设置三层交换机 VLAN 间通信。
SwitchA(config)#int vlan 10　　！创建虚拟接口 VLAN10
SwitchA(config-if)#ip address 192.168.10.254 255.255.255.0
SwitchA(config-if)#exit
SwitchA(config)#int vlan 20　　！创建虚拟接口 VLAN20
SwitchA(config-if)#ip address 192.168.20.254 255.255.255.0

步骤 8　将 PC1 和 PC3 的默认网关设置为 192.168.10.254,IP 地址为 192.168.10.x,将 PC2 的默认网关设置为 192.168.20.254,IP 地址为 192.168.20.x。

测试结果:不同 VLAN 内的主机可以互相 PING 通。

【注意事项】

两台交换机之间相连的端口应该设置为 tag vlan 模式。

需要设置 PC 的网关。

附录二 综合实验部分

实验一 802.3ad 冗余备份测试

【实验名称】

802.3ad 冗余备份测试。

【实验目的】

理解链路聚合的配置及原理。

【背景描述】

假设某企业采用两台交换机组成一个局域网,由于很多流量是跨过交换机进行传送的,因此需要提高交换机之间的传输带宽,并实现链路冗余备份。为此,网络管理员在两台交换机之间采用两根网线互连,并将相应的两个端口聚合为一个逻辑端口,现要在交换机上作适当配置来实现这一目标。

【实现功能】

增加交换机之间的传输带宽,并实现链路冗余备份。

【实验拓扑】

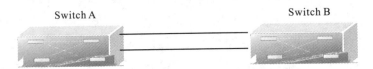

【实验设备】

S2126(2 台)。

【实验步骤】

步骤1 在交换机 SwitchA 上创建 VLAN10,并将 0/5 端口划分到 VLAN10 中。

SwitchA#configure terminal   ！进入全局配置模式
SwitchA(config)#vlan 10   ！创建 VLAN10
SwitchA(config-vlan)#name sales   ！将其命名为 sales
SwitchA(config-vlan)#exit
SwitchA(config)#interface fastethernet 0/5   ！进入接口配置模式
SwitchA(config-if)#switchport access vlan 10   ！将 0/5 端口划分到 VLAN10 中

步骤2 在交换机 SwitchA 上配置聚合端口。

SwitchA(config)#interface aggregateport 1   ！创建聚合接口 AG1

SwitchA(config-if)#switchport mode trunk
SwitchA(config-if)#exit
SwitchA(config)#interface range fastethernet 0/1-2　!进入接口 0/1 和 0/2
SwitchA(config-if-range)#port-group 1　!配置接口 0/1 和 0/2 属于 AG1
验证测试:验证接口 fastethernet 0/1 和 0/2 属于 AG1
SwitchA#show aggregateport 1 summary
AggregatePort MaxPorts SwitchPort Mode Ports
————————————————————————
Ag1　　8　　Enabled　　Trunk　Fa1/0/1,Fa1/0/2

步骤 3　在交换机 SwitchB 上创建 VLAN10,并将 0/5 端口划分到 VLAN10 中。
SwitchB#configure terminal　!进入全局配置模式
SwitchB(config)#vlan 10　!创建 VLAN10
SwitchB(config-vlan)#name sales　!将其命名为 sales
SwitchB(config-vlan)#exit
SwitchB(config)#interface fastethernet 0/5　!进入接口配置模式
SwitchB(config-if)#switchport access vlan 10　!将 0/5 端口划分到 VLAN10 中

步骤 4　在交换机 SwitchB 上配置聚合端口。
SwitchA(config)#interface aggregateport 1　!创建聚合接口 AG1
SwitchA(config-if)#switchport mode trunk!
SwitchA(config-if)#exit
SwitchA(config)#interface range fastethernet 0/1-2　!进入接口 0/1 和 0/2
SwitchA(config-if-range)#port-group 1　!配置接口 0/1 和 0/2 属于 AG1

步骤 5　验证当交换机之间的一条链路断开时,PC1 与 PC2 仍能互相通信。
c:\ping 192.168.10.20 -t
【注意事项】
只有同类型端口才能聚合为一个端口(同在一个 VLAN 中且同是二层设备或同是三层设备)。

实验二　生成树配置

一、生成树协议 STP

【实验名称】
生成树协议 STP。
【实验目的】
理解生成树协议 STP 的配置及原理。

【背景描述】

某学校为了开展计算机教学和网络办公,建立了一个计算机教室和一个校办公区,这两处的计算机网络通过两台交换机互连组成内部校园网。为了提高网络的可靠性,网络管理员用两条链路将交换机互连,现要在交换机上作适当配置,使网络避免环路。

本实验以两台 S2126GG 交换机为例,两台交换机分别命名为 SwitchA、SwitchB。PC1 与 PC2 在同一个网段,假设 IP 地址分别为 192.168.0.137,192.168.0.136,网络掩码为 255.255.255.0。

【实验功能】

使网络在有冗余链路的情况下避免环路的产生,避免广播风暴等。

【实验拓扑】

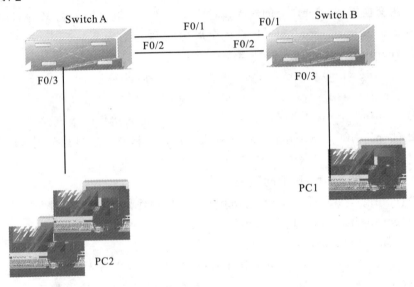

【实验设备】

S2126GG 2 台。

【实验步骤】

步骤 1　在每台交换机上开启生成树协议。例如对 SwitchA 作如下配置:

SwitchA#configure terminal　！进入全局配置模式

SwitchA(config)#spanning-tree　！开启生成树协议

SwitchA(config)#end

验证测试:验证生成树协议已经开启

SwitchA# show spanning-tree　！显示交换机生成树的状态

StpVersion : MSTP

SysStpStatus : Enabled

SysStpStatus : Enabled

MaxAge : 20

HelloTime : 2

ForwardDelay : 15

BridgeMaxAge：20
BridgeHelloTime：2
BridgeForwardDelay：15
MaxHops：20
TxHoldCount：3
PathCostMethod：Long
BPDUGuard：Disabled
BPDUFilter：Disabled

\#\#\#\#\#\# MST 0 vlans mapped：All
BridgeAddr：00d0.f8bf.fe67
Priority：32768
TimeSinceTopologyChange：0d:0h:2m:1s
TopologyChanges：0
DesignatedRoot：800000D0F8BFFE67
RootCost：0
RootPort：0
CistRegionRoot：800000D0F8BFFE67
CistPathCost：0

SwitchA# show spanning-tree interface fastEthernet 0/1 ！显示交换机接口 fastethernet0/1 的状态

PortAdminPortfast：Disabled
PortOperPortfast：Disabled
PortAdminLinkType：auto
PortOperLinkType：point-to-point
PortBPDUGuard: Disabled
PortBPDUFilter: Disabled
PortState：forwarding
PortPriority：128
PortDesignatedRoot：100000D0F8BFFE67
PortDesignatedCost：0
PortDesignatedBridge：100000D0F8BFFE67
PortDesignatedPort：800E
PortForwardTransitions：1
PortAdminPathCost：0
PortOperPathCost：200000
PortRolE：rootPort

步骤 2 设置生成树模式。
SwitchA(config)# spanning-tree mode stp   ! 设置生成树模式为 STP(802.1d)
验证测试:验证生成树协议模式为 802.1d
S2126GG-2# show spanning-tree interface fastEthernet 0/1

StpVersion : STP
SysStpStatus : Enabled
BaseNumPorts : 24
MaxAge : 20
HelloTime : 2
ForwardDelay : 15
BridgeMaxAge : 20
BridgeHelloTime : 2
BridgeForwardDelay : 15
MaxHops : 20
TxHoldCount : 3
PathCostMethod : Long
BPDUGuard : Disabled
BPDUFilter : Disabled
BridgeAddr : 00d0.f8bc.9d94
Priority : 32768
TimeSinceTopologyChange :0d:0h:2m:41s
TopologyChanges : 0
DesignatedRoot : 100000D0F8BFFE67
RootCost : 200000   ! 端口的路径开销显示根
RootPort : Fa0/1   ! 显示根端口为 Fa0/1

步骤 3 设置交换机的优先级。
SwitchA(config)# spanning-tree priority 4096   ! 设置交换机 SwitchA 的优先级为 4096,数值最小的交换机为根交换机(也称根桥),交换机 SwitchB 的优先级采用默认优先级(32768),因此 SwitchA 将成为根交换机

步骤 4 综合验证测试。
(1)验证交换机 SwitchB 的端口 F0/1 和 F0/2 的状态。
SwitchB# show spanning-tree interface fastEthernet 0/1   ! 显示 SwitchB 的端口 fastEthernet 0/1 的状态

PortAdminPortfast : Disabled
PortOperPortfast : Disabled
PortAdminLinkType : auto

PortOperLinkType：point-to-point
PortBPDUGuard: Disabled
PortBPDUFilter: Disabled

\# \# \# \# \# \#　MST 0 vlans mapped：All
PortState：forwarding　！SwitchB 的端口 fastethernet0/1 转发状态
PortPriority：128
PortDesignatedRoot：100000D0F8BFFE67
PortDesignatedCost：0
PortDesignatedBridge：100000D0F8BFFE67
PortDesignatedPort：800E
PortForwardTransitions：2
PortAdminPathCost：0
PortOperPathCost：200000
PortRole：rootPort

SwitchB# show spanning-tree interface fastEthernet 0/2　！显示 SwitchB 的端口 fastEthernet 0/2 的状态

PortAdminPortfast：Disabled
PortOperPortfast：Disabled
PortAdminLinkType：auto
PortOperLinkType：point-to-point
PortBPDUGuard: Disabled
PortBPDUFilter: Disabled

\# \# \# \# \# \#　MST 0 vlans mapped：All
PortState：discarding SwitchB 的端口 fastethernet0/2 阻塞状态
PortPriority：128
PortDesignatedRoot：100000D0F8BFFE67
PortDesignatedCost：0
PortDesignatedBridge：100D0F8BFFE67
PortDesignatedPort：8010
PortForwardTransitions：1
PortAdminPathCost：0
PortOperPathCost：200000
PortRole：alternatePort
（2）验证网络拓扑发生变化时，PING 的丢包情况。
c:\ping 192.168.0.136 -t ！从主机 PC1 PING PC2,然后拔掉 SwitchA 与 SwitchB 的端

口 F0/1 之间的连线,观察丢包情况。显示结果如下:

```
Request timed out.
Request timed out.
Request timed out.
Request timed out.
Request timed out.
Request timed out.
Request timed out.
Request timed out.
```

以上结果显示丢包数为 30 个。

【注意事项】

锐捷交换机缺省是关闭 spanning-tree 的,因此,如果网络在物理上存在环路,则必须手工开启 spanning-tree。

二、快速生成树协议 RSTP

【实验名称】

快速生成树协议 RSTP。

【实验目的】

理解生成树协议 RSTP 的配置及原理。

【背景描述】

某学校为了开展计算机教学和网络办公,建立了一个计算机教室和一个校办公区,这两处的计算机网络通过两台交换机互连组成内部校园网。为了提高网络的可靠性,网络管理员用两条链路将交换机互连,现要在交换机上作适当配置,使网络避免环路。

本实验以两台 S2126GG 交换机为例,两台交换机分别命名为 SwitchA、SwitchB。PC1 与 PC2 在同一个网段,假设 IP 地址分别为 192.168.0.137 ,192.168.0.136,网络掩码为 255.255.255.0。

【实验功能】

使网络在有冗余链路的情况下避免环路的产生,避免广播风暴等。

【实验拓扑】

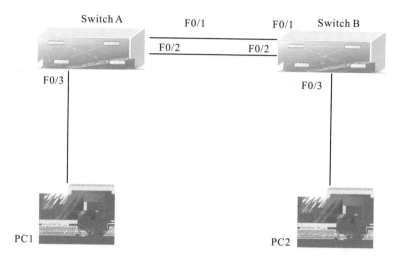

【实验设备】
S2126GG 2 台。

【实验步骤】
步骤 1 在每台交换机上开启生成树协议。例如对 SwitchA 作如下配置：
SwitchA#configure terminal   ！进入全局配置模式
SwitchA(config)#spanning-tree   ！开启生成树协议
SwitchA(config)#end

步骤 2 设置生成树模式。
SwitchA(config)#spanning-tree mode rstp ！设置生成树模式为 802.1w

步骤 3 设置交换机的优先级。
SwitchA(config)#spanning-tree priority 8192

步骤 4 综合验证测试。
(1)验证 SwitchB 端口 1 和 2 的状态。
SwitchA# show spanning-tree interface fastEthernet 0/1
SwitchA# show spanning-tree interface fastEthernet 0/2
(2)如果 SwitchA 与 SwitchB 之间的 F0/1 的链路 down 掉，验证交换机 SwitchB 的端口 2 的状态，并观察状态转换时间。
SwitchB# show spanning-tree interface fastEthernet 0/2

PortAdminPortfast：Disabled
PortOperPortfast：Disabled
PortAdminLinkType：auto
PortOperLinkType：point-to-point

PortBPDUGuard: Disabled

PortBPDUFilter: Disabled

MST 0 vlans mapped : All

PortState : forwarding　！端口从阻塞(Discarding)状态转换到转发(Forwarding)状态，这说明生成协议树协议此时起用了原先处于阻塞状态的冗余链路。状态转换时间大约为 2s

PortPriority : 128

PortDesignatedRoot : 100000D0F8BFFE67

PortDesignatedCost : 0

PortDesignatedBridge : 100000D0F8BFFE67

PortDesignatedPort : 8010

PortForwardTransitions : 2

PortAdminPathCost : 0

PortOperPathCost : 200000

PortRole : rootPort

(3) 如果 SwitchA 与 SwitchB 之间的一条链路 down 掉，验证交换机 PC1 与 PC2 是否仍能互相 PING 通，并观察丢包情况。

【注意事项】

锐捷交换机缺省是关闭 spanning-tree 的，因此，如果网络在物理上存在环路，则必须手工开启 spanning-tree。

实验三　PPP 认证

一、PPP PAP 认证

【实验名称】

PPP　PAP 认证。

【实验目的】

掌握 PPP PAP 认证的过程及配置。

【背景描述】

您是公司的网络管理员，公司为了满足不断增长的业务需求，申请了专线接入，您的客户端路由器与 ISP 进行链路协商时要验证身份，配置路由器保证链路建立并考虑其安全性。

【实验功能】

在链路协商时保证安全验证。链路协商用户名、密码以明文的方式传输。

【实验拓扑】

【实验设备】
R1762(2 台)。
【实验步骤】
步骤1 基本配置。
Ra 的基本配置：
Red-Giant(config)#hostname Ra　！配置路由器主机名
Ra(config)#interface serial 1/2　！配置广域网接口
Ra(config-if)#ip address 192.168.0.1 255.255.255.0　！配置接口地址
Ra(config-if)#no shutdown　！启用该接口
Rb 的基本配置：
Red-Giant(config)#hostname Rb　！配置路由器主机名
Rb(config)#interface serial 1/2　！配置广域网接口
Rb(config-if)#ip address 192.168.0.2 255.255.255.0　！配置接口地址
Rb(config-if)#clock rate 64000　！在 DCE 端配置时钟
Rb(config-if)#no shutdown　！启用该接口
验证测试(以 Ra 为例)：
Ra#show ip interface brief

步骤2 配置 PPP PAP 认证。
Ra(config)#int s 1/2
Ra(config-if)#encapsulation ppp　！接口下封装 PPP 协议
Ra(config-if)#ppp pap sent-username ra password 0 rg　！PAP 认证的用户名

Rb(config) #int s 1/2
Rb(config)#username Ra password 0 rg　！在验证方配置被验证方用户名、密码
Rb(config)#int s 1/2
Rb(config-if)#encapsulation ppp　！接口下封装 PPP 协议
Rb(config-if)#ppp authenticatIon pap　！PPP 启用 PAP 认证方式
【注意事项】
(1)在 DCE 端要配置时钟。
Rb(config)#username Ra password 0 rg　！username 后面的参数是对方的主机名
(2)在接口下封装 PPP。
debug ppp authentication 在路由器物理层 Up,链路尚未建立的情况下打开才有信息输出,本实验的实质是链路层协商建立的安全性,该信息出现在链路协商的过程中。
【学习心得】
在配置时钟的时候要在 DCE 端配置,通过 Rb#show interface s 1/2 可以快速地确定现在所处的端口是否是 DCE 端。

二、PPP CHAP 认证

【实验名称】
PPP CHAP 认证。

【实验目的】
掌握 PPP CHAP 认证过程及配置。

【背景描述】
您是公司的网络管理员,公司为了满足不断增长的业务需求,申请了专线接入,你的客户端路由器与 ISP 进行链路协商时要验证身份,配置路由器保证链路建立并考虑其安全性。

【实验功能】
在链路协商时保证安全验证。链路协商时密码以密码文的方式传输,更安全。

【实验拓扑】

【实验设备】
R1762(2 台)。

【实验步骤】
步骤 1　基本配置。
Ra 的基本配置:
Red-Giant(config)#hostname Ra　!配置路由器主机名
Ra(config)#interface serial 1/2　!配置广域网接口
Ra(config-if)#ip address 192.168.0.1 255.255.255.0　!配置接口地址
Ra(config-if)#no shutdown　!启用该接口
Rb 的基本配置:
Red-Giant(config)#hostname Rb　!配置路由器主机名
Rb(config)#interface serial 1/2　!配置广域网接口
Rb(config-if)#ip address 192.168.0.2 255.255.255.0　!配置接口地址
Rb(config-if)#clock rate 64000　!在 DCE 端配置时钟
Rb(config-if)#no shutdown　!启用该接口

步骤 2　配置 PPP CHAP 认证。
Ra(config)#username Rb password 0 rg　!以对方的主机名作为用户名,密码和对方的路由器一致
Ra(config)#int s 1/2
Ra(config-if)#encapsulation ppp　!接口下封装 PPP 协议
Ra(config-if)#ppp pap sent-username ra password 0 rg　!PAP 认证的用户名

Rb(config)#username Ra password 0 rg ! 以对方的主机名作为用户名,密码和对方的路由器一致

Rb(config)#int s 0

Rb(config-if)#encapsulation ppp ! 接口下封装 PPP 协议

Rb(config-if)#ppp authentication pap ! PPP 启用 PAP 认证方式

【注意事项】

(1)在 DCE 端要配置时钟。

Ra(config)#username Rb password 0 rg ! username 后面的参数是对方的主机名

Rb(config)#username Ra password 0 rg ! username 后面的参数是对方的主机名

(2)在接口下封装 PPP。

debug ppp authentication 在路由器物理层 UP,链路尚未建立的情况下打开才有信息输出,本实验的实质是链路层协商建立的安全性,该信息出现在链路协商的过程中。

验证测试:

Rb#show ip interface s 1/2

实 验 四　　静 态 路 由

【实验名称】

静态路由。

【实验目的】

掌握通过静态路由方式实现网络的连通性。

【背景描述】

假设校园通过一台路由器连接到校园外的另一台路由器上,现要在路由器上作适当配置,实现校园网内部主机与校园网外部主机的相互通信。

【实现功能】

实现网络的互连互通,从而实现信息的共享和传递。

【实验拓扑】

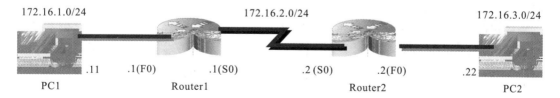

【实验设备】

R2624(2 台),V35DTE 线缆(1 根),V35DCE 线缆(1 根)。

【实验步骤】

步骤 1　在路由器 Router1 上配置接口的 IP 地址。

Router1(config)# int fastethernet 1/0

Router1(config-if)# ip address 172.16.1.1 255.255.255.0

Router1(config-if)# no shutdown
Router1(config-if)# exit
Router1(config)# int serial 1/2   ！进入接口 S0 口配置模式
Router1(config-if)# ip address 172.16.2.1 255.255.255.0
Router1(config-if)# no shutdown
Router1(config-if)# end
Router1(config-if)# exit
验证测试：验证路由器接口的配置
Router1# show ip interface brief

步骤 2　在路由器 Router1 上配置静态路由。
Router1(config)# ip route 172.16.3.0 255.255.255.0 172.16.2.2
Router1# show ip route

步骤 3　在路由器 Router2 上配置接口的 IP 地址和串口上的时钟频率。
Router2(config)# interface fastEthernet1/0
Router2(config-if)# ip address 172.16.3.2 255.255.255.0
Router2(config-if)# no shutdown
Router2(config-if)# exit

Router2(config)# interface serial 1/2
Router2(config-if)# ip address 172.16.2.2 255.255.255.0
Router2(config-if)# clock rate 64000   ！在 DCE 端配置时钟
Router2(config-if)# no shutdown
Router2(config-if)# exit

步骤 4　在路由器 Router2 上配置静态路由。
Router2(config)# ip route 172.16.1.0 255.255.255.0 172.16.2.1 ！静态路由的配置方法为：目标网段+掩码+下一跳地址
验证测试：验证 Router2 上的静态路由配置
Router2# show ip route

步骤 5　测试网络的互连互通性。
c:\ ping 172.16.3.22   ！从 PC1 ping PC2
c:\ ping 172.16.1.11   ！从 PC2 ping PC1
【注意事项】
如果两台路由器通过串口直接互连，则必须在其中一端设置时钟频率（DCE）。
Router1#show interface s 1/2 可观察哪一端为 DCE。
PC1 和 PC2 的网关要正确设置。

附录三 常用网络命令使用列表

1. ARP：显示和修改 IP 地址与物理地址之间的转换表

ARP -s inet_addr eth_addr [if_addr]
ARP -d inet_addr [if_addr]
ARP -a [inet_addr] [-N if_addr]

  -a   显示当前的 ARP 信息，可以指定网络地址。
  -g   跟 -a 一样。
  -d   删除由 inet_addr 指定的主机，可以使用*来删除所有主机。
  -s   添加主机，并将网络地址跟物理地址相对应，这一项是永久生效的。
eth_addr   物理地址。
if_addr   代表 IP 地址

例子：

C:\> arp – a (显示当前所有的表项)
Interface: 10.111.142.71 on Interface 0x1000003
   Internet Address   Physical Address   Type
   10.111.142.1   00-01-f4-0c-8e-3b   dynamic //物理地址一般为 48 位，即 6 个字节
   10.111.142.112   52-54-ab-21-6a-0e   dynamic
   10.111.142.253   52-54-ab-1b-6b-0a   dynamic

C:\> arp -a 10.111.142.71(只显示其中一项)
No ARP Entries Found

C:\> arp -a 10.111.142.1(只显示其中一项)
Interface: 10.111.142.71 on Interface 0x1000003
   Internet Address   Physical Address   Type
   10.111.142.1   00-01-f4-0c-8e-3b   dynamic

C:\> arp -s 157.55.85.212   00-aa-00-62-c6-09   添加，可以再打入 arp – a 验证是否已经加入

2. ftp：(功能就不用描述了，请参看下面的具体用法)

该命令只有在安装了 TCP/IP 协议之后才可用。ftp 是一种服务，一旦启动，将创建在其中可以使用 ftp 命令的子环境，通过键入 quit 子命令可以从子环境返回到 Windows 2000 命令提

示符。当 ftp 子环境运行时,它由 ftp 命令提示符代表。

ftp [-v] [-n] [-i] [-d] [-g] [-s:filename] [-a] [-w:windowsize] [computer]

参数:

-v　禁止显示远程服务器响应。

-n　禁止自动登录到初始连接。

-I　多个文件传送时关闭交互提示。

-d　启用调试,显示在客户端和服务器之间传递的所有 ftp 命令。

-g　禁用文件名组,它允许在本地文件和路径名中使用通配符字符(* 和?)。(请参阅联机"命令参考"中的 glob 命令。)

-s filename 指定包含 ftp 命令的文本文件,当 ftp 启动后,这些命令将自动运行。该参数中不允许有空格。使用该开关而不是重定向(>)。

-a　在捆绑数据连接时使用任何本地接口。

-w: windowsize 替代默认大小为 4096 的传送缓冲区。

Computer 指定要连接到远程计算机的计算机名或 IP 地址。如果指定,计算机必须是行的最后一个参数。

下面是一些常用命令:

!:从 ftp 子系统退出到系统外壳。

?:显示 ftp 说明,跟 help 一样。

append:添加文件,格式为:append 本地文件 远程文件。

cd:更换远程目录。

lcd:更换本地目录,若无参数,将显示当前目录。

open:与指定的 FTP 服务器连接 open computer [port]。

close:结束与远程服务器的 FTP 会话并返回命令解释程序。

bye:结束与远程计算机的 FTP 会话并退出 FTP

dir:结束与远程计算机的 FTP 会话并退出 FTP

get 和 recv:使用当前文件转换类型将远程文件复制到本地计算机 get remote-file [local-file]。

send 和 put:上传文件:send local-file [remote-file]。

其他命令请参考帮助文件。

例子:

C:\> ftp

ftp> open ftp.zju.edu.cn

Connected to alpha800.zju.edu.cn.

220ProFTPD 1.2.0pre9 Server (浙江大学自由软件服务器) [alpha800.zju.edu.cn]

User (alpha800.zju.edu.cn:(none)): anonymous

331 Anonymous login ok, send your complete e-mail address as password.

Password:

230 Anonymous access granted, restrictions apply.

ftp> dir //查看本目录下的内容:

...

ftp> cd pub   //切换目录

250 CWD command successful.

ftp> dir

200 PORT command successful.

150 Opening ASCII mode data connection for file list.

...

ftp> cd microsoft

250 CWD command successful.

ftp> dir

200 PORT command successful.

150 Opening ASCII mode data connection for file list.

-rw-r--r--   1 ftp   ftp   288632 Dec   8   1999 chargeni.exe

226 Transfer complete.

ftp: 69 bytes received in 0.01Seconds 6.90Kbytes/sec.

ftp> lcd e:\   //本地目录切换

Local directory now E:\.

ftp> get chargeni.exe   //下载文件

200 PORT command successful.

150 Opening ASCII mode data connection for chargeni.exe (288632 bytes).

226 Transfer complete.

ftp: 289739 bytes received in 0.36Seconds 802.60Kbytes/sec.

ftp> bye   //离开

221 Goodbye.

3. Ipconfig

该诊断命令显示所有当前的 TCP/IP 网络配置值。该命令在运行 DHCP 系统上的特殊用途，允许用户决定 DHCP 配置的 TCP/IP 配置值。

　　ipconfig [/? | /all | /release [adapter] | /renew [adapter]
　　　　　　　| /flushdns | /registerdns
　　　　　　　| /showclassid adapter
　　　　　　　| /setclassid adapter [classidtoset]]

/all 产生完整显示。在没有该开关的情况下 Ipconfig 只显示 IP 地址、子网掩码和每个网卡的默认网关值。

例如：

C:\> ipconfig

Windows 2000 IP Configuration

Ethernet adapter 本地连接:

　　　　Connection-specific DNS Suffix . :

```
        IP Address. . . . . . . . . . . : 10.111.142.71      //IP 地址
        Subnet Mask . . . . . . . . . . : 255.255.255.0      //子网掩码
        Default Gateway . . . . . . . . : 10.111.142.1       //缺省网关
C:\> ipconfig /displaydns          //显示本机上的 DNS 域名解析列表
C:\> ipconfig /flushdns            //删除本机上的 DNS 域名解析列表
```

4. Nbtstat.exe

该诊断命令使用 NBT(TCP/IP 上的 NetBIOS)显示协议统计和当前 TCP/IP 连接。该命令只有在安装了 TCP/IP 协议之后才可用。

nbtstat [-a remotename] [-A IP address] [-c] [-n] [-R] [-r] [-S] [-s] [interval]

参数：
-a   remotename 使用远程计算机的名称列出其名称表。
-A   IP address 使用远程计算机的 IP 地址并列出名称表。
-c   给定每个名称的 IP 地址并列出 NetBIOS 名称缓存的内容。
-n   列出本地 NetBIOS 名称。"已注册"表明该名称已被广播 (Bnode) 或者 WINS(其他节点类型)注册。
-R   清除 NetBIOS 名称缓存中的所有名称后，重新装入 Lmhosts 文件。
-r   列出 Windows 网络名称解析的名称解析统计。在配置使用 WINS 的 Windows 2000 计算机上，此选项返回要通过广播或 WINS 来解析和注册的名称数。
-S   显示客户端和服务器会话，只通过 IP 地址列出远程计算机。
-s   显示客户端和服务器会话。尝试将远程计算机 IP 地址转换成使用主机文件的名称。
interval 重新显示选中的统计,在每个显示之间暂停 interval 秒。按 Ctrl+ C 停止重新显示统计信息。如果省略该参数,nbtstat 打印一次当前的配置信息。

例子：
C:\> nbtstat – A 周围主机的 IP 地址
C:\> nbtstat – c
C:\> nbtstat – n
C:\> nbtstat -S
本地连接：
Node IpAddress: [10.111.142.71] Scope Id: [ ]
               NetBIOS Connection Table
     Local Name   State   In/Out   Remote Host   Input   Output
JJY   < 03>   Listening

另外可以加上间隔时间,以秒为单位。

5. net

许多 Windows 2000 网络命令都以词 net 开头。这些 net 命令有一些公用属性：
键入 net /? 可以看到所有可用的 net 命令的列表。

键入 net help command，可以在命令行获得 net 命令的语法帮助。例如，关于 net accounts 命令的帮助信息，请键入 net help accounts。

所有 net 命令都接受 /yes 和 /no 选项(可以缩写为 /y 和 /n)。/y 选项向命令产生的任何交互式提示自动回答"是"，而 /n 回答"否"。例如，net stop server 通常提示您确认要停止基于"服务器"服务的所有服务，而 net stop server /y 对该提示自动回答"是"，然后"服务器"服务关闭。

例如：

net send:(可能许多人已经用过，或者感到厌烦，索性把服务给关了)

将消息发送到网络上的其他用户、计算机或消息名。必须运行信使服务以接收邮件。

net send {name | * | /domain[:name] | /usersmessage}

net stop：停止 Windows 2000 网络服务

net stop service

例如：

C:\> net stop messenger

Messenger 服务正在停止。

Messenger 服务已成功停止。

此时再打入 net send 本机名消息，就没用了；相应的，要打开这个服务，只需把 stop 改为 start，就可以了。

net start FTP Publishing Service

启动 FTP 发布服务。该命令只有在安装了 Internet 信息服务后才可用。

net start "ftp publishing service"

类似的命令有很多，请参考帮助文件。

6. Netstat.exe

显示协议统计和当前的 TCP/IP 网络连接。该命令只有在安装了 TCP/IP 协议后才可以使用。

netstat [-a] [-e] [-n] [-s] [-p protocol] [-r] [interval]

参数：

-a   显示所有连接和侦听端口。服务器连接通常不显示。

-e   显示以太网统计。该参数可以与 -s 选项结合使用。

-n   以数字格式显示地址和端口号(而不是尝试查找名称)。

-s   显示每个协议的统计。默认情况下，显示 TCP、UDP、ICMP 和 IP 的统计。-p 选项可以用来指定默认的子集。

-p   protocol 显示由 protocol 指定的协议的连接；protocol 可以是 tcp 或 udp。如果与 -s 选项一同使用显示每个协议的统计，protocol 可以是 tcp、udp、icmp 或 ip。

-r   显示路由表的内容。

Interval 重新显示所选的统计，在每次显示之间暂停 interval 秒。按 Ctrl+B 停止重新显示统计。如果省略该参数，netstat 将打印一次当前的配置信息。

例如：

C:\> netstat -as

IP Statistics
    Packets Received   = 256325
...
ICMP Statistics
                                    Received   Sent
    Messages   16   68
...
TCP Statistics
...
    Segments Received   = 41828
UDP Statistics
Datagrams Received   = 82401
...

7. Ping. exe

验证与远程计算机的连接。该命令只有在安装了 TCP/IP 协议后才可以使用。

ping [-t] [-a] [-n count] [-l length] [-f] [-i ttl] [-v tos] [-r count] [-s count] [[-j computer-list] | [-k computer-list]] [-w timeout] destination-list

参数：

-t   PING 指定的计算机直到中断。

-a   将地址解析为计算机名。

-n   count 发送 count 指定的 ECHO 数据包数。默认值为 4。

-l   length 发送包含由 length 指定的数据量的 ECHO 数据包。默认为 32 字节，最大值是 65527。

-f   在数据包中发送"不要分段"标志。数据包就不会被路由上的网关分段。

-i   ttl 将"生存时间"字段设置为 ttl 指定的值。

-v   tos 将"服务类型"字段设置为 tos 指定的值。

-r   count 在"记录路由"字段中记录传出和返回数据包的路由。count 可以指定最少 1 台，最多 9 台计算机。

-s   count 指定 count 的跃点数的时间戳。

-j   computer-list 利用 computer-list 指定的计算机列表路由数据包。连续计算机可以被中间网关分隔(路由稀疏源)，IP 允许的最大数量为 9。

-k   computer-list 利用 computer-list 指定的计算机列表路由数据包。连续计算机不能被中间网关分隔(路由严格源)，IP 允许的最大数量为 9。

-w   timeout 指定超时间隔，单位为毫秒。

destination-list 指定要 PING 的远程计算机。

较一般的用法是 ping – t www.zju.edu.cn

例如：

C:\ > ping www.zju.edu.cn

Pinging zjuwww.zju.edu.cn [10.10.2.21] with 32 bytes of data:
Reply from 10.10.2.21: bytes=32 time=10ms TTL=253
Reply from 10.10.2.21: bytes=32 time<10ms TTL=253
Reply from 10.10.2.21: bytes=32 time<10ms TTL=253
Reply from 10.10.2.21: bytes=32 time<10ms TTL=253
Ping statistics for 10.10.2.21:
    Packets: Sent= 4, Received= 4, Lost= 0 (0% loss),
Approximate round trip times inmilli-seconds:
    Minimum= 0ms, Maximum =   10ms, Average =   2ms

8. Route. exe

控制网络路由表。该命令只有在安装了 TCP/IP 协议后才可以使用。
route [-f] [-p] [command [destination] [mask subnetmask] [gateway] [metric costmetric]]
参数：
-f 清除所有网关入口的路由表。如果该参数与某个命令组合使用，路由表将在运行命令前清除。
-p 该参数与 add 命令一起使用时，将使路由在系统引导程序之间持久存在。默认情况下，系统重新启动时不保留路由。与 print 命令一起使用时，显示已注册的持久路由列表。忽略其他所有总是影响相应持久路由的命令。
Command 指定下列的一个命令：

命令	说明
print	打印路由
add	添加路由
delete	删除路由
change	更改现存路由
destination	指定发送 command 的计算机
mask subnetmask	指定与该路由条目关联的子网掩码。如果没有指定，将使用 255.255.255.255
gateway	指定网关
metric costmetric	指派整数跃点数(1~9999)，在计算最快速、最可靠和(或)最便宜的路由时使用

例如：本机 IP 为 10.111.142.71，缺省网关是 10.111.142.1，假设此网段上另有一网关 10.111.142.254，现在想添加一项路由，使得当访问 10.13.0.0 子网络时通过这一个网关，那么可以加入如下命令：

C:\> route add 10.13.0.0 mask 255.255.0.0 10.111.142.1

C:\> route print (键入此命令查看路由表，看是否已经添加了)

C:\> route delete 10.13.0.0

C:\> route print (此时可以看见已经没有添加的项)

9. Telnet.exe

在命令行键入 Telnet，将进入 Telnet 模式。键入 help，可以看到一些常用命令。

Microsoft Telnet> help

指令可能缩写了。支持的指令为：

close	关闭当前链接
display	显示操作参数
open	连接到一个站点
quit	退出 Telnet
set	设置选项 (要列表，请键入 'set?')
status	打印状态信息
unset	解除设置选项 (要列表，请键入 'unset?')
? /help	打印帮助信息

可以键入 display 命令来查看当前配置：

C:\ telnet

Microsoft Telnet>   display

Escape 字符为 'CTRL+]'

WILL AUTH (NTLM 身份验证)

关闭 LOCAL_ECHO

发送 CR 和 LF

WILL TERM TYPE

优选的类型为 ANSI

协商的规则类型为 ANSI

可以使用 set 命令来设置环境变量，如：

Microsoft Telnet> set local_echo on

NTLM	打开 NTLM 身份验证
LOCAL_ECHO	打开 LOCAL_ECHO
TERM x	(x 表示 ANSI, VT100, VT52 或 VTNT)
CODESET x	(x 表示 Shift JIS,
	Japanese EUC,
	JIS Kanji,
	JIS Kanji(78),
	DEC Kanji 或
	NEC Kanji)
CRLF 发送	CR 和 LF

例如：假设主机 10.111.142.71 打开了 Telnet 服务

Microsoft Telnet>   open 10.111.142.71

正在连接到 10.111.142.71...

您将要发送密码信息到 Internet 区域中的远程计算机。这可能不安全。是否还要发送(y/

n): y　(不同系统会有区别)

上面曾说明了 Escape 字符为'CTRL+]',所以键入这个字符就可以切换到外面,再按下单独的 Enter 键又可以回去。

Microsoft Telnet> status
已连接到 10.111.142.71
协商的规则类型为 ANSI

10. Tracert.exe

该诊断实用程序将包含不同生存时间 (TTL) 值的 Internet 控制消息协议 (ICMP) 回显数据包发送到目标,以决定到达目标采用的路由。要求路径上的每个路由器要在转发数据包之前将 TTL 递减 1,所以 TTL 是有效的跃点计数。数据包上的 TTL 到达 0 时,路由器应该将"ICMP 已超时"的消息发送回源系统。Tracert 先发送 TTL 为 1 的回显数据包,并在随后的每次发送过程将 TTL 递增 1,直到目标响应或 TTL 达到最大值,从而确定路由。路由通过检查中间路由器发送回的"ICMP 已超时"的消息来确定路由。不过,有些路由器不经询问直接丢弃 TTL 值过期的数据包,而 Tracert 看不到。

tracert [-d] [-h maximum_hops] [-j computer-list] [-w timeout] target_name
参数:
/d　指定不将地址解析为计算机名
-h　maximum_hops 指定搜索目标的最大跃点数
-j　computer-list 指定沿 computer-list 的稀疏源路由
-w　timeout 每次应答等待 timeout 指定的微秒数
target_name 目标计算机的名称
最简单的一种用法如下:

C:\> tracert www.zju.edu.cn
Tracing route to zjuwww.zju.edu.cn [10.10.2.21]
over a maximum of 30 hops:
　　1　 < 10 ms　 < 10 ms　 < 10 ms　 10.111.136.1
　　2　 < 10 ms　 < 10 ms　 < 10 ms　 10.0.0.10
　　3　 < 10 ms　 < 10 ms　 < 10 ms　 10.10.2.21
Trace complete.

11. Winipcfg.exe

使用于 win98 系列。
使用格式:winipcfg [/?] [/all]
参数介绍:
/?　显示 winipcfg 的格式和参数的英文说明。
/all　显示所有的有关 IP 地址的配置信息。
主要功能:显示用户所在主机内部的 IP 协议的配置信息。
详细介绍:

Winipcfg 程序采用 Windows 窗口的形式来显示 IP 协议的具体配置信息，如果 winipcfg 命令后面不跟任何参数直接运行，程序将会在窗口中显示网络适配器的物理地址、主机的 IP 地址、子网掩码以及默认网关等，还可以查看主机的相关信息，如主机名、DNS 服务器、节点类型等。其中，网络适配器的物理地址在检测网络错误时非常有用。在命令提示符下键入 winipcfg/? 可获得 winipcfg 的使用帮助，键入 winipcfg/all 可获得 IP 配置的所有属性。

主要参考文献

方洋,李文宇,张选波. RCNP 实验指南:构建高级的交换网络(BASN)[M]. 北京:电子工业出版社,2008.
高峡,钟啸剑,李永俊. 网络设备互连实验指南[M]. 北京:科学出版社,2009.
郭军. 网络管理[M]. 2版. 北京:北京邮电大学出版社,2003.
杭州华三通信技术有限公司. 路由交换技术:第三卷(H3C 网络学院系列教程)[M]. 北京:清华大学出版社,2012.
胡谷雨. 网络管理技术教程[M]. 北京:北京希望电子出版社,2002.
黄治国. 中小企业网络管理员实战指南[M]. 北京:电子工业出版社,2012.
李建林. 局域网交换机和路由器的配置与管理[M]. 北京:电子工业出版社,2013.
李学祥. 网络管理技术[M]. 北京:清华大学出版社,2010.
刘晓辉. 网管工具使用与技巧大全[M]. 北京:电子工业出版社,2009.
石林,方洋,李文宇. RCNP 实验指南:构建高级的路由互联网络(BARI)[M]. 北京:电子工业出版社,2009.
王达. 华为交换机学习指南[M]. 北京:人民邮电出版社,2014.
王公儒. 网络综合布线系统工程技术实训教程[M]. 2版. 北京:机械工业出版社,2012.
吴英,杨凯,刘博. 编著网络管理技术教程[M]. 北京:机械工业出版社,2011.
杨靖,刘亮. 实用网络技术配置指南[M]. 北京:北京希望电子出版社,2007.
杨尚森. 网络管理与维护技术[M]. 北京:电子工业出版社,2004.
张国鸣,唐树林,薛刚逊. 网络管理实用技术[M]. 北京:清华大学出版社,2002.
张国鸣,严体华. 网络管理员教程[M]. 2版. 北京:清华大学出版社,2006.
Todd Lammle. CCNA 学习指南[M]. 池亚平等,译. 北京:电子工业出版社,2003.